几秒钟

机遇尽在

博锋 ◎ 编著

台海出版社

图书在版编目（CIP）数据

机遇尽在几秒钟 / 博锋编著 .—北京：台海出版
社，2011.2（2025.9 重印）
ISBN 978-7-80141-765-7

Ⅰ.①机…Ⅱ.①博…Ⅲ.①成功心理学—通俗读物
Ⅳ.① B848.4-49

中国版本图书馆 CIP 数据核字 (2010) 第 262671 号

机遇尽在几秒钟

编　著：博　锋

责任编辑：禾　月　　　　　　　　装帧设计：天下书装
版式设计：飞鸟书装

出版发行：台海出版社
地　　址：北京市景山东街 20 号　　　邮政编码：100009
电　　话：010-64041652（发行，邮购）
传　　真：010-84045799（总编室）
网　　址：www.taimeng.org.cn/thcbs/defauit.htm
E-Mail ：th-cbs@163.com

经　　销：全国各地新华书店
印　　刷：三河市祥达印刷包装有限公司
本书如有破损、缺页、装订错误，请与本社联系调换

开　　本：710 毫米 × 1000 毫米　　　1/16
字　　数：120 千字　　　　　　　　印　张：8
版　　次：2011 年 2 月第 1 版　　　印　次：2025 年 9 月第 3 次印刷
书　　号：ISBN 978-7-80141-765-7

定　　价：58.00 元

前　言

先机，就是你人生的拐点

每次机遇，都是你人生的拐点。抓住了，你的人生就会改变，抓不住，就会错失良机，只能等下一次的轮回。有时，机遇就在几秒钟，没有平时的积累和历练，要想抓住，还真有一定的难度。这就是现实中为什么只有少数人成功，因为多数人都没有抓住稍纵即逝的机遇，没能把机遇转变成自己人生的拐点。

曹操在乱世中抓住了"挟天子以令诸侯"的机遇，成为名扬天下的一代枭雄。

亨利·福特在工业发展时，把握汽车量产机遇，创立流水线，让汽车普及，推动美国进入汽车时代，成为行业先驱。

史蒂夫·乔布斯在个人电脑兴起时，以 Apple II 开启个人电脑新时代，后又借触控技术潮流，用 iPhone 重塑全球手机行业格局，成为科技史上的传奇。

近观眼下很多行业市场萧条，很多人生意惨淡，举步维艰。但是总有人能逆风翻盘，挣得盆满钵满。任何环境下都有机会，就看你能否看得出，抓得住。

曾经在传媒行业占据半壁江山的传统新闻报业，如今已鲜有人关注，究其根源，就在于其未能顺应时代潮流，进行彻底变革。现实中，有人懊悔没能赶上十几年前房地产蓬勃发展带来的红利，有人遗憾错失直播带货兴起的良机，这无一不是因为没有及时抓住机遇。

两相对比之下，可以说，机遇是个拐点：抓住了，柳暗花明，扶摇直上；错失了，一事无成，遗恨终生。那怎么才能抓住机遇呢？其实，机遇对于每个人都是公平的，如同大自然赐予人类的空气、阳光，就看你有没有本事，能不能抓住。当然，机遇不是每个人都能轻易抓得住的。机遇是个急性子，来去匆匆，稍纵即逝。这就是为什么有人能乘机而上，有人却两手空空。

机遇会过滤两类人。一类是识别不到机遇的人，一类是识别到了却没有抓住的人。

识别不到机遇的人，缺乏洞察力，敏锐度不够，往往对机遇视而不见。这类人需要突破思维定式，从多角度和多层面思考问题，修炼敏锐的洞察力，以便及时捕捉机遇。

识别到了却没有抓住的人，是最可惜的。"时来易失，赴机在速"，当机遇到来时，当果断出手，任何的优柔寡断，都将错失良机。除了速度要快，还要有过硬的本领，否则就算机遇掉到你的面前，你也接不住。就像网上流传的一句话：当泼天的富贵到来时，你得有本事接住。"君子藏器于身，待时而动"，打铁还得自身硬，所以要学习竹子的精神，先默默扎根，再一跃而上。

决定一个人能够走多远、站多高的，往往不是起点，而是拐点。机遇就是拐点！

"见机不遂者陨功"，在这个充满机遇的时代，每一个拐点，都是一次挑战，若能借机而上，便可一日千里。

如果你正处于人生低谷，阅读本书，也许能帮你打开慧眼，巧辨机遇，练就抓住机遇的能手，抓住降临身边的机遇，成功逆转，人生开挂！

目 录

目　录

第一章
机遇，悄悄到来的"成功蛋"

成功像藏在门后的宝藏，想要得到宝藏就需要机遇这把钥匙。可很多人只会在宝藏旁边无数次地徘徊、叹息，不懂得去寻找或者打造这把钥匙。他们不知道，这把钥匙不是等待就会换来，更重要的是：他们不知道，一旦有了这把钥匙，成功将不会再是未知数，而是悄无声息地到来。

早一秒成功，晚一秒失败

对于人生来说，一个机遇，可能导致一个伟大的发现，使一个科学家一举成名；一个突如其来的机遇，会使有的人大展才华，干出一番惊天动地的事业，从而名垂青史，甚至影响其的一生……

的确如此，不论我们在何时何地，也不论我们做什么事情，只要我们想做得更加出色，都是无法缺少机遇这个成功"催化剂"的。

历史上这样的例子比比皆是：想象一下，没有刘备，还会有诸葛亮吗？没有周文王，还会有姜太公吗？一旦有利的环境失去，再有才能的人也会施展不出来的。其实，即使从日常生活中的小事来说，机遇的效力也是不可小视的。

有人问道："成功和机遇的关系是什么？"答案是："早一秒成功，晚一秒失败。"这就是机遇的关键性。如今的信息时代，更加理性地说明了这一点。

信息化时代的机遇，几乎都是同时到达很多人的面前，如果你早一点醒悟，你就会发现：成功已经距离自己不远了，如果你晚了一步，很可能达不到预期的目标，或者干脆就失败了。

老王在十余年前就开始开出租车，经过十年的辛苦劳作，已有了数目不小的存款，主要是因为前十年这种行业车少活儿多，油价低，支出少，竞争还不算激烈。

小李看到了老王的收获，也开起了出租车，可是半年过去了，却觉得入不敷出、捉襟见肘，不得不转行。

出租车还是出租车，时代变了，所以不好做了。主要是因为现在从事这一工作的人多了，竞争异常激烈，机遇就颇为有限，对于小李来说，机遇只是比老王晚了几年，产生的效果却大大不同了。

一个女孩失恋了，痛不欲生，受不了这种痛苦，想割腕自尽。

割腕前，她给前男友发去一条短信，写道："我就要离开这人世了，没有你我也不想再活了。"结果由于她一不小心按错了一个键，这条短信就阴差阳错地发到了另一个男子的手机上。

该男子看到这条短信后，立马给她发回一条短信诚挚地规劝她，还打电话进行安慰，就这样女孩打消了轻生的念头。后来，经过了一夜的交谈，两个人越谈越投机，并相约第二天见面谈。

不得不说这是幸运的两个人，聊着聊着他们就走进了婚姻登记处，如今两个人非常幸福。就是这样一段"偶然"的机遇，成就了一段美满的姻缘。

也许，你感觉那些大人物的成功故事离我们太遥远了，上面两个小故事足以说明机遇的性质：早一秒成功，晚一秒失败。

有人给机遇下了这样的定义：有机遇不一定能成功，而没有机遇是注定无法成功的。有人便认为它是毫无规律的。其实机遇有一定的规律可循，那就是：它只垂青于有准备的人，唯有"原始积累"达到一定程度，它才肯掉到你手里。所以，想要成功，就要尽量早一秒做准备，以抓住机遇。

比如爱情，若是不能事先多了解对方，即使机遇来了也会走开；对于经商或是从政，若是没有一定的才学基础，底子不够好，那也是很难成功的。

无论机遇大还是小，多还是少，来不来，何时来，你都得努力、坚持，别无他法。相反，若是守株待兔，老爱"躺在理想的温床"里，不去好好把握那一秒钟，那么机遇就永远不愿降临在你的身上。即使来到了，也不是第一时间到你这里来，你的成功永远在别人的成功之后。

机遇是否敲过你家的门

很多人在感叹老天不公的时候，并不知道机遇已经在敲门了，只是自己没有开门迎接而已。所以，对机遇要保持时刻的敏感和警觉，这是创造幸运征服命运的首要条件。

也有很多人迫切等待幸运降临门前时，却往往忽略了从后门偷偷进来的机遇。机遇可能正在敲门，或许你没有听见。现在，请擦亮你惺忪的眼，环顾四周，集中注意力，看清楚，并且凝神谛听所有的声音。

对于机遇，也许有这样几种不正确的对待方式让它悄悄溜走，第一，机遇来了，你没有认识到。第二，机遇来了，你没有果断地抓住。第三，很多机遇，你没有分辨，没有抓到适合自己的，或者最好的。

想要更好地抓住机遇，就要修炼自己的思维模式和眼光，当机遇敲门的时候，果断地抓住它。

亨利·福特是著名的"福特车系"的创始人。他为汽车业和摩托车业的发展作出了巨大的贡献，本人也曾获得美国总统颁发的"一等勋章"。在美国乃至整个世界的汽车制造业里，它都是一个举足轻重的人物。

1908年，是福特幸运的一年，他研制开发了T型汽车，这种汽车集中了当时最先进的技术，具备了相当优良的特点。而且，在生产技术的提高和汽车业规模经营的前提下，福特T型汽车的销量也是一路飙升，而福特却还在不断地让汽车降价。所以，人们对这种汽车的赞扬声也是此起彼伏。

由于声誉好、价格低廉，这种车能够满足美国各阶层的需要，一时间，福特公司的T型汽车几乎垄断了汽车市场，市场需求量一直不断上升。

但世界上没有一个人是十全十美的，福特也一样。第一次世界大战结束后，美国社会发生了巨大的变化。

由于美国经历了很长一段时间的经济繁荣，居民的消费倾向从有用就行，发展到对所用商品的内在品质要求越来越高，但是面对消费者对汽车颜色的不同要求，亨利·福特先生显然没有察觉其重要性，他对此评论说："您喜欢什么颜色的汽车都可以，但我生产出来的汽车只有黑色的。"早年的福特汽车只有黑色一种颜色，福特相信只要生产黑色的就足够了。

与此同时，它的竞争对手通用汽车则采用了另外的策略。它增加了产品的系列和产品的品种，使不同阶层的人士都能挑选到自己喜欢的汽车，以适应不同的市场需求。它的车型一个接一个地出现，先是雪佛兰，接着是别克，最后是凯迪拉克。20世纪30年代后期，美国的汽车市场发生了很大的变化。一直生产不同系列汽车的通用汽车在这个时候拿到了美国最大的市场占有率。

而福特的短视目光使福特公司因此栽了一个大跟头，就是这一个念头，整整徘徊了将近20年的时间。直到今天，通用汽车仍然是世界上最大的汽车制造公司。

或许，机遇就住在每个人的心里面，它就在你今天走的路上。当你思忖明天要做什么的时候，它也在那里。

总而言之，机遇就在于如何看待自己的命运，绝不是人事广告栏上的求才启事，也不存在于购买的彩票上，更不是你道听途说的一句话。

对于精明的人而言，或许遍地都是机遇，但这也需要你去发现它、追求它，否则它便不曾存在。当开始耐心寻找机遇时，就会发觉机遇越来越多；找的次数越多，便越容易发现它在你周围盘旋。

也许有人会说，我想寻找，可就是找不到机遇，没错，是个人目光的差异造就了这种差别，这个定律有点像心理医生常让病人凝视黑白图案：如果只看图案中心的白色部分，你会看到一个瓷器；如果只看两旁的黑色部分，就会看到两个对望的人。这就是很多人常说的："仁者见仁，智者见智。"

除此之外，这种眼光还和自己的性格有关，例如，困难来临，你可选择看到机遇或看到问题：一个悲观的人总是看到机遇背后隐藏着各种问题，而一个乐观的人则从每个问题的背后发现机遇。

其实，用心去寻找，生活中面对的一切都是机遇。它们都让你有机会去学习，去成长，去改变。

造就遗憾的"凶手"

天才＋机遇＝命运。

上帝对待每个人都是公平的，给谁的都不会太多。

第一章
机遇，悄悄到来的"成功蛋"

不同的环境可以有相同的机遇，相同的环境也可以有不同的机遇。

上面几句话是对机遇的形容，但是让人能够更加清醒的是：它是造就遗憾的"凶手"。

《大话西游》上有这么一段话，用调侃的语气来诠释了错失机会空遗悔恨，那就是：曾经有一段真挚的爱情摆在我的面前，但我没有珍惜，等到失去了我才后悔莫及……

王磊是一名刚刚毕业的大学生，他成绩优秀，并且有很多的特长，因此，对于找到一份称心的工作他充满了信心。他得知有一家公司欲招聘一名市场营销员，待遇相当不错。王磊感觉这份工作和自己的专业很对头很适合自己，便投了一份简历，事情很顺利，他收到了面试通知。

应聘那天，他一早就来到那家公司。进门一看，前来应聘的大概有一百多人，整个接待大厅被挤得水泄不通。工作人员发了一份公司简介，接着就笔试，结果，王磊以第一名的成绩与其他四位应聘者胜出。因为具体面试要在两天后进行，他便留下了自己的联系电话，满怀信心地回家了。

第二天早上，他还在睡梦中，突然被一阵电话铃声吵醒。拿起电话一听，对方要找的不是他，于是，他没好气地回答："你电话打错了。"说完就挂上电话。

可没一会儿，电话铃声又响了，他拿起一听，还是刚才那个人在询问。这下他有些恼火了，骂了句"你有神经病啊！"就重重地扣上电话。但是几分钟之后，电话铃声再一次响起。王磊拿起一听，还是那个人的声音，这让王磊气不打一处来，大声叫道："你这人有神经病啊？你要是再往我这里打电话，我就报警。"果然，那个电话不再打来。

后来参加面试，考官副总一见到王磊，开口就说："小伙子，你平时待人接物还应礼貌些！"听到这样的话，他随即反驳："咱们还没开始接触，您怎么就确定我待人没有礼貌呢？"副总一笑说："昨天早晨，你是不是接到几个打错的电话？"

听到这里，王磊恍然大悟，他不解地问道："您为什么会给我打那几个电话呢？"副总回答："这是我们公司对笔试成绩较好的五个人所进行的电话测试，目的是看你们每个人的反应。在工作中，客户找错人的情况时有发生，一个人若是无法冷静地面对将会给公司带来不小的损失。"

王磊听完副总的话，羞得满脸通红，自知谈下去也不会有什么结果，他没等面试结束，就灰溜溜地走了。

那么好的一个机遇，王磊却因为自己的失误而失去，这是一件多么遗憾的事情，其实，生活中的不如意大多来源于此。

或许，成功和失败之间，区别就在于错过了机会，机遇不是商品，不是想买就能够买到，也不是想争取就能够争取到，而是一种恰到好处的成功"支点"。遇上了之后，千万不能够错过，否则，只能留下无尽的遗憾。

来之不易的机遇，接近成功

人生苦短，如果机遇失去，一定要吸取这次教训，而不是静静地等待着下次的机遇，因为机遇是没有规律的，一旦失去，这辈子也许就再也不会遇到。

人生成败，关键在于如何对待机遇，善于抓机遇就有可能改变自己的命运，不会抓机遇则无从改变自己。

其实，机遇也分好多种，有的是老天直接"空降"给你，有的是自己经过努力而获得的，最为适合自己，换句话说，这种机遇有时候也是一种成功，有了这个小成功，才能到达最终的成功。

巴恩斯十分希望能与爱迪生成为商业上的伙伴，可此时的他是爱迪生公司的一名职员。

巴恩斯碰到的机遇是成为爱迪生的员工，作为爱迪生的手下，每个月领固定的薪水。不过，他并未赌气放弃这个机遇，他说："这虽然不是我想要的，但我会等到成为爱迪生的伙伴为止。"于是，他将此视为目的的敲门砖，接受了这个"不情愿"的职务。

很快，数个月过去了，他和爱迪生的关系仍未改变，或许和巴恩斯相同处境的人会认为，如果再这样下去不是办法，但巴恩斯依然非常乐观，他努力去熟悉自己的工作环境，了解每个人做的事及思考模式，并让这个实验室变得更加愉快、更有效率。他随时守候机遇的降临，以达成最终的目标。因为他很清楚，爱迪生寻找自己的合伙人肯定是从公司内，而不会是从公司外。

一次，当爱迪生发明了一个办公室器材——爱迪生口述机时，巴恩斯的机遇终于来了。因为公司发愁这东西卖不出去，然而巴恩斯却深知，这个难卖的、长得难看的、市场对之相当陌生的机器，对他来说应是一个很好的机遇。

正当爱迪生为此睡不着觉的时候，巴恩斯表示自己有意销售这项产品，由于没人对此机器有兴趣，爱迪生欣然同意让他销售这种产品。

然后，巴恩斯拼命地干，把口述机推广到全美国各地。由于销售工作做得相当成功，爱迪生居然主动提议与他签订销售合约。至此，巴恩斯终于成功达成了自己的目标：成为发明家爱迪生的合伙人。

巴恩斯的努力没有白费，他若不肯先屈身于爱迪生的公司，这个机遇也不会轮到他。机遇往往不会摆在你触手可及的地方，一个好的机遇是不会人人都能轻易就获得的，越来之不易才越显得它的可贵。

也许，有些机遇到来得比较轻松，好像天上掉下的馅饼，但是这种机遇实在极少，更多的机遇是需要我们慢慢培养的。

人人如果都能像巴恩斯一般努力，对机遇保持警觉，他的命运便会随着时光的流逝而悄悄改变，最终，他会成为一个幸运的人，一个运气好的人，一个好命的人。

很多时候，机遇是你在某个环境中一直努力的结果，或者是你处心积虑想要达到的一个小目的。这种机遇就像自己为自己量身打造的衣服一样合适，为了得到它，请一定要默默努力和耐心等待，因为这种机遇距离成功最近。

命运和机遇紧密相关

成功励志大师卡耐基曾经说过："我们多数人的毛病是，当机遇朝我们飞奔而来时，很少人能够去追寻自己的机遇，甚至在被绊倒时，还不能见着它。"

的确，有的时候机遇对于世界上的每个人都是均等的，人与人之间的差别，就在于你是否抓住了身边的机遇。无论是家境贫困，还是自身所有条件欠缺，只要善于把握机遇，不轻易认输，也一样可以拥有精彩的人生。

几年之前，徐净和王琼来到广州寻求发展，她们是姐妹，所以合租了一间房子。

这姐妹俩都是高中毕业，经历也大都相同，因为家境贫困来广州打工，此时，她们最大的愿望就是找到一份待遇不错的工作。

徐净比较聪明，尽管她只是在一家宾馆做清洁工作，但她工作非常认真，而且她知道，如果自己不学点东西，就永远都只能是一名清洁工。

所以，在工作之余，她找了一家培训学校选修了酒店管理的课程，同时还买了复读机自修英语。

两年之后，徐净不但对酒店的事务熟悉，与别人相比，她还有一个最大的优势就是已经可以和外商进行一些简单的会话了。凭借自身的综合优势，徐净在第三年就当上了宾馆服务部的经理。

而和徐净住在一起的王琼则刚开始时在一家公司的客服中心做接线员，在工作上虽然也勤勤恳恳，但她只对自己的日常事务负责，从来不了解整个部门的发展情况。下班之后，她也像很多女孩子一样：整日陶醉于肥皂剧和穿衣打扮上，结果浪费了大好时光。

一次，王琼的主管离职了，公司领导本想让她代理这个工作，但是因为她在业务上还缺乏足够的经验，最后，还是错过了这个机遇。现在，她又在另一家公司做起了接线员的工作，几年过去之后，她的事业没有一丁点儿的起步。

是什么造成了徐净和王琼两人的差别呢？是徐净有机遇，而王琼没有机遇吗？显然不是。其实，王琼并不是没有改变自己命运的机遇，而是她没有真正地提高自己，总在原地停留，故而没有抓住那次能改变自己命运的机遇。而徐净则不然，她懂得发展自己，懂得规划自己的人生，因而在机遇来临的时候，就能够稳稳地抓住机遇。

对于个人而言，抓住机遇就可能从此改写人生，对于一个集体来说，也是一样。如果一个集体不能抓住新的机遇，就会在发展过程中出现一些问题。

因此，与其总是抱怨机遇太少，老天待自己不好，还不如好好反省一下自己为何总是抓不住机遇。试着从自己身上着手，好好改变一下自己吧。

"成事在天"注解

古语"谋事在人，成事在天"把人的命运说得那么玄乎，其实说白了，也只是机遇的问题。所有的人都希望自己能够取得成功，可又如何才能成功呢？正如现代文学家鲁迅先生在一篇文章中所述："一个人是不可能通过读《如何写小说》而成为小说家的。"

其实，并不是所有的人都相信机遇能够改变自己的一生，能够让自己一夜成名。于是，他们在机遇来临的时候，不仅无法认识哪个是机遇，更无法谈到利用机遇来改变自己的命运了，这或许就是对机遇的麻木感吧。

太多太多的现实，把人们的理想放到了眼前，其实机遇不是没有，但是很多人只是在看到别人成功之后，才意识到机遇的功效，然后看着别人成功，自己生气。比如改革开放后，国家提倡下海经商，搞活市场，很多人认为是不务正业，投机倒把，最后有的员工做了老板，有的员工还是员工。

前面无路才方知无路可走。他们不知，所有的正业都起源于自主自强，只要建立必胜的信心，有着百折不挠和坚不可摧的意志，那么你就会是自己命运的主宰，也终将实现辉煌的人生！

就说比尔·盖茨和李嘉诚，他们抓住了商机，取得了成功。比尔·盖茨大学读了一年就退学了，曾连续多年占据世界巨富的位置。李嘉诚只有小学文化程度，同样也在商业上取得了很大成功。那么，学术界的情况怎样呢？

有一位曾毕业于台湾大学的教授，他与一位华人诺贝尔奖得主是同学。在一次晚宴上，这位教授讲述了自己的经历：大学毕业后，他到哈佛大学化学系就读研究生，当时分子光谱学是热门学科，很被看好，他就选了这个领域。

教授很珍惜自己的这次机会，一心向学，在研究和学问上，他都很优秀，可是却始终与诺贝尔奖无缘。相反，他的一位哈佛大学的同学，因为服兵役比他晚3年去的哈佛，非常幸运地遇上分子来实验。在导师指导下，他做得很成功，并获得了诺贝尔奖。

提及此事，这位老教授忍不住风趣地自嘲，说自己总是在错误的时间出现在错误的地点，干错误的事情。

当然，没有获得诺贝尔奖的科学家不能说他就不是成功者，反之，科学史上有很多未获得诺贝尔奖的科学家，最后也取得了重大成就。成事在天，只能说明机遇的重要性。

世界著名科学家居里夫人说得好："弱者等待时机，强者创造时机。"一个人的成功有偶然的机会，但偶然机会的被发现、被抓住与被充分利用，却又绝不是偶然的。

总之，机会是成功的关键因素。一旦机会降临到你身边，一定要抓住它，才能尽早走上成功的道路。让成事不再靠天，至少不完全靠天，如果只是靠天，那么和那些撒下种子等着老天下雨来灌溉的农夫又有什么区别呢？

机遇造就"偶然"成功

机遇和成功的关系，有人说机遇偶然，有人说成功偶然，或者说两者都是比较偶然的，但是有一种情况，就是一些机遇一旦发现，稍加努力，就会转变为小成功，这种成功虽然看起来很小，但是说不定就是成功的开始。

其实，除了出生环境不一样之外，上天对待每一个人都是公平的，在给予别人机遇的同时，也在给予你同样的机遇。

机遇的每一次到来，都不会提前跟你打招呼，它总是悄无声息地来，试图让你发现它、抓住它。如果你是一个有心之人，就会非常理智地、迅速地抓住机遇；如果你懵懵懂懂，即使机遇在面前，你也会视而不见，眼睁睁地看它离去。阿曼波尔就是因为一次偶然的机遇，最终成为了闻名世界的女记者。

阿曼波尔的姐姐想尝试当记者，就报名参加了一个新闻培训班。可是两个月过去，她就明确表示，那样活着是一种悲哀，并发誓以后再也不想接触新闻了。

阿曼波尔觉得这样一来，姐姐的那些学费算是白交了，实在是太可惜，于是便独自一人跑到学校去，试图请校方退还姐姐所交的一部分学费。可是校方没有理会她的要求。阿曼波尔想："交了学费却不来学习，又不给退学费，真是太不划算了，不如我来替她上得了。"于是，她就去上了这个新闻培训班。

谁也没想到，因为这个偶然的机会，阿曼波尔最终成了世界上著名的女记者。成功后的她说了一句非常有哲理的话："这就像一次盲目的约会，但是最后却演变成了一场真正的恋爱，实在是一个意外。"

若是没有了那一次意外，在这个世界上也许就少了一个著名的女记者。阿曼波尔的成功来自及时抓住人生道路上的机遇，虽然，当时是奔着那点学费去的，但是"钻"进去，拼命努力，最终获得了成功，却是本身努力的结果。

也许人的一生有运气好坏之分，但这种运气其实不是"天上掉馅饼"之类的举动，更多的是"无心插柳柳成荫"的印证。这也就是说，人生的路，成功是多样的，机遇是多样的。或许在一棵树上吊死会死得很难看，这样不行，换个思路，走路的时候，或许应该多看看周围的风景。因为偶然并非巧遇，也是一种机遇。

成功配方：实力是基础，机遇是关键

很多成功的人在被问及他成功的原因时，总是会说："我之所以能成功，那都是因为我的机遇比较好。"虽然这样的回答中有谦虚的成分，但也说明了机遇是一个人成功的重要因素。其实成功所靠的就是：精明、努力、环境、天赋和机遇。

纵观古今中外，几乎所有人的成功都离不开机遇的眷顾。汉代开国功臣韩信之所以能成为一代名将，除了他拥有能征善战的杰出才能外，还因为他得到了萧何的推举和刘邦的重用；法国杰出作家儒勒·凡尔纳之所以能写出大家喜爱的不朽作品，除了他的文学天赋外，还因为他得到了一代文豪大仲马的指点。

虽然机遇是如此之重要，但是也有很多人认为，实力比机遇更加重要。因为一个人如果没有实力，就算有机遇，也难以抓住机遇。这句话没错，但是话又说回来，为什么有的人才华横溢，能力出众，却只能徘徊在平庸的边缘；而为什么有的人资质平平，却能成功在握呢？原因就是前者缺乏机遇，后者则有机遇的垂青。

法国著名军事家拿破仑曾说："卓越的才能，如果没有很好的机遇，也将会失去本身的价值。"的确，在现实生活中，很多有才华的人因为缺乏必要的机遇而变得碌碌无为。

机遇在人生中的出现也许就只有一次，其珍贵的价值可以想象。当你主动出击抓住这一次生命中难能可贵的机遇，你就可能会一举成名。在 1988 年的欧洲杯足球赛上，荷兰队的范·巴斯滕可谓是大放光彩，凭借着机遇而一举成名。

有一年的欧洲杯足球赛，荷兰队的主教练根本没想让巴斯滕打主力前锋的，因为那时的荷兰队可是人才济济的"明星队"。小组赛前的两场战绩都不太佳，可即便如此，主教练依然不准备启用巴斯滕，巴斯滕气愤不已，甚至准备收拾东西一个人提前回国。可就在第三场，在他们与英格兰小组生死战的前一天，一名主力前锋突然腿腱受伤，无奈之下，主教练只好派巴斯滕上场。

结果，让大家意想不到的是，巴斯滕抓住上场的机遇独中三球，从此，奠定了自己主力前锋的位置。随后，巴斯滕又在对德国队的比赛中攻入一球，对苏联队的决赛中更是打进了零角抽射，在帮荷兰队成为欧洲冠军的同时，巴斯滕也夺得了最佳射手的金靴奖。

从此以后，巴斯滕一举成名，还被 AC 米兰引进，开始了"荷兰三剑客"时代。他本人也两获"世界足球"先生，三获欧洲"足球先生"的称号。

巴斯滕的成就，来源于他抓住了一次上场的机遇，从此证明了自己的实力，也向全世界展示了自己的风采，所以说，要想成功，就要抓住机遇，想要歌唱，就要准备舞台。

又说到人生机遇，因为它是值得人类永远思考和探索的一个主题。古人云："天予不取，反受其咎；时至不行，反受其殃。"这句话确实不无道理。

人生的得失常常就在于一个人对机遇的把握能力，有了机遇，抓住它、利用它，人生的命运就会因此而发生改变；相反，忽略它、远离它，就可能一生都陷入平庸之中。

要知道，在人生众多体验之中，骁勇善战的将帅也会有打败仗的时候，他们并不能做到稳操胜券，百战不殆；技高一筹的运动员也有落于人后的时候，他们并不能从此都夺魁折桂，获取金牌；痴情迷恋的男女也有可能与真爱无缘，无法永浴爱河；忠实生活的人也有可能被生活捉弄，不是每一天都能幸运如意、一帆风顺。

原因何在？要知道，机遇是一种非常重要的因素，很多时候就是因为我们不知道利用机遇，不知道机遇能改变我们的一生，不知道机遇会让我们一举成名而忽视了它，所以，成功远离我们而去，当我们各项能力都具备的时候，请认真对待最关键的那个，也就是机遇。

第二章
机遇来了，拉好"网兜"

机遇好像是飞舞在空中的蝴蝶，为了成功，很多人千万次地挥动网兜，想要捕捉这种美丽，但是很多人都徒劳无功。捕捉机遇也需要一定的技术，要是机遇到来，请在那一刻，用心拉好自己的网兜，而在这之前，需要好好地"织网"。

抓住机会，意味着找到财富

对于人生，有的人说："慢慢来！边走边看吧！"而有的人说："该出手时就出手！"

机遇总是会悄悄溜走，如果看准了方向，如果遇到了好机遇，决不能犹豫徘徊、左右观望，机遇往往都是稍纵即逝，过了这个村就没这个店了。在你当断不断的时候，煮熟的鸭子也会飞上天！这里有则颇为有趣的故事，轻松诙谐，却又引人深思，我们不妨一起来看看：

有一个沿街流浪的乞丐，他每天总在梦想，我手头要是能有1万元就好了。机会到来了，一天，乞丐在路边发现了一只小狗，他看四周没人，便把小狗抱回了他的住处拴了起来。

原来，这只小狗的主人是一个大富翁，且十分宠爱这只小狗，这是一只纯正的进口名犬。小狗丢失后，大富翁极为着急，于是他就以各种方式发出寻狗启事：拾到小狗请速还，即付酬金2万元。

第二天，乞丐在外行乞时，看到了这则启事，他高兴极了，连忙抱着小狗想去领那两万元酬金。可当他匆匆忙忙地抱着狗路过寻狗启事时，发现启事上的酬金已经变成了3万元。原来，大富翁寻狗不着，已经把酬金提高到了3万元。

这个乞丐简直不敢相信自己的眼睛，他停下了自己向前迈进的脚步，心想："这个价格肯定还会上涨的。"于是就转身将小狗抱回重新拴了起来。

果然不出他所料，第三天的酬金又上涨了，第四天……直到第七天，酬金涨到了大家无比惊讶的数字时，贪婪的乞丐才要抱起小狗去换酬金，可是，可怜的小狗却死了。最终，这个乞丐依然还是个乞丐。

在现实社会中，选择恰当时机，该出手时就大胆出手，不仅赢得业绩会成为富有之人，而且更能赢得人心。

上帝并不偏爱任何人，而有的人何以能够成功，成为命运的宠儿？是机遇！那些成功的人往往都懂得如何去抓住先机，他们独到的精明和机敏，使得他们抓住了难得的机遇，成就了自己的事业。

罗丹说："生活并不是缺少美，而是缺少发现美的眼睛。"同理，在我们生活中并不缺少机遇，而是缺少发现机遇、抓住机遇的眼光。如果有了洞察机遇的能力，即使生活中没有机遇，也能创造机遇。

要抓住机遇，首先必须发现它。可以说生活中处处都充满机遇，社会上的每一项活动、报刊上的每一篇文章等，都可能给你带来新的感受、新的信息，都有可能引导你走向成功，问题在于你的眼光是否能发现机遇。

不要认为机遇是难以遇到的，其实许多机遇就在我们的身边，就看你能否去发现。很多时候，机遇和财富有着异曲同工之妙。有人曾经说："世界上不是缺少财富，而是缺少发现财富的眼光。"看到别人成为富翁的时候，你是否真正反思过：是不是自己亲手把属于自己的财富送给了别人？

同样是希腊的一个穷人和一个富人，他们都吸着同样的有强烈刺激味的阿根廷香烟，穷人可能是一边吸一边骂："阿根廷这些烟商水平可真够次的，连一根香烟也做不好。"骂完后，他会托朋友从希腊带些烟回来，分给这里的朋友，让他们也品尝一下正宗的希腊香烟。而富人却能够从中看到商机，能看到白花花的银子。他可能会想方设法让所有想吸希腊香烟的人都吸上希腊香烟。

可以这样说，很多的好运是由勤勉以及正确的判断形成的；运气不好，往往是不够努力或观察力不佳的结果。一个想真正获得成功的人，不会坐在那一味地唉声叹气，怨天尤人，他会检讨自己，再接再厉。有人曾经说过："优秀的人不待机遇的到来，而是寻找并抓住机遇，把握机遇，征服机遇，让机遇成为服务于他的奴仆。"

所以对未来的投入只有具有了非凡的前瞻性眼光的人才能做到。那么何为前瞻性的眼光？即看到机会和光明的未来的能力。

未来是属于那些今天就已经为之做好了准备的人。没有远见的人只会看到眼前的可以感知的事情。相反，有远见的人心中装着所有他感兴趣的事情，并为之做好准备。这样未来才会拥有更多的财富。

长有杂草的"路"，机遇很少"光临"

有一种高尚的品质叫作坚持，有一种可贵的精神叫作百折不回。也许你的理想一变再变，也许这对你的生活或许影响不是很大，但是想要获得成功，几乎是渺茫的。这就是一心一意和三心二意的区别。

如果是一心一意地做一件事，总是会碰到机遇的，而那些三心二意的人，获得机遇的概率却会大大减少。因为社会上的任何行当都不是三两天就能够领悟其中的奥妙和精髓的。如果只是浅尝辄止，或许你连这行的机遇是什么都会搞不清楚。下面的这个故事，足以说明一切：

有一个人来到加州海岸的一个城市，他想在这里开发土地。这座城市有一侧很适合建筑，但土地都已被开发利用了。在城市的另一侧一边是陡峭的小山，一边因地势太低，每天海水倒流时，总会被淹没。总之，无法作为建筑用地。

不过，这是一个善于捕捉机遇的人。通常来说，那些具有超强机遇意识的人，都有着极为敏锐的观察力，这人当然也不例外。他立刻从这些在别人看来没有什么太大价值的土地上，看出了赚钱的可能性。

当机立断之下，他预购了那些因为山势太陡而无法使用的山坡地，又预购了那些每天都要被海水淹没一次而无法使用的低地。当然，他预购的这些土地价格很低。

购买到土地后，他找人运来几吨炸药，把那些陡峭的小山炸成平地，还雇用了一些卡车，把多余的泥土倒在那些低地上，再利用几架推土机把泥土推平，使其超过水平面。这样一来，原来的山坡地和低地居然都变成了很漂亮的建筑用地，他狠狠地赚了一笔钱。

无疑，这是一个幸运的人。但是这个人并没有做什么大的事情。他做的只不过是把某些泥土从不需要它们的地方运到需要它们的地方而已，只不过是把某些没有用处的泥土和机遇意识混合使用而已。

可是，这个看似简单的方法，其实也是他数年的积累，或许他在以前看到别人做过类似的事情，或许这是多年的经验告诉他的，唯一肯定的是，至少这个人在同行中坚持了一段时间。

大作家巴尔扎克曾说："人们若是一心一意地做某一件事，总是会碰到偶然的机遇的。"

其实，每个成功的人生差不多，一心一意朝着目标迈进，总有一天会收获机遇。因为机遇是深埋的宝藏，三心二意是挖不出来的。

大视野会看到更多机遇

远大的目标会使你最大限度地实现人生价值，如果一下把自己的视野调整得更加宽广，拥有机遇的概率就会增加。目标愈高远，进步就会越大，也就更有可能抓住好的机遇。

也许很多人都有这样的体会：当你确定只走1千米的时候，如果走完了800米，这个时候，你很有可能让自己松懈下来，因为反正就快要到达目标了，而且自己也感到有些累了，所以这个时候慢些也是无所谓的。

假设一下，还是上面的例子，但如果你所确定的目标是10千米，你就会加倍地重视。做好思想准备和其他的完善工作，然后再开始起程。在行进中，你会注意自己的速度、节奏与步伐，不断地启动自己的潜在力量。就这样，走了七八公里之后，你也不会因为累或其他原因松懈下来，因为你知道，后面的冲刺还十分重要，自己一不小心就会前功尽弃。

因此，对于人生而言，一方面，设定一个远大的目标，不仅能够帮助你掌握自己，还可以最大限度地发挥你的潜能，获得机遇的垂青。

所谓远大的目标，其实无非就是要考虑更多的人、更多的事，或者是在更大的范围里解决更多的问题，从而将自己提升到更高的层次。因为目标给你决定，你会渴望去干一番大事业，让自己达到成功的极限，这就需要你拥有更多的知识或技能。这些过程之中，你会强迫自己不断地学习去适应周围的环境，就会逐渐地变得具备超乎常人的知识、能力、胸襟，而结果便是：你将抓住最好的机遇逐渐取得成功，得到旁人的尊敬和认同。

另一方面，远大的目标是你一生的志向，需要用一生来努力，所以它不可能十分的详细精确。

第二章
机遇来了，拉好"网兜"

人生的远大目标，可以不要求很详细，只需要能有一个比较明确的方向和大致程度的要求就可以了。当两个人站在同一起跑线上时，如果其中一个人知道自己为了什么而向前冲，而另一个人连目标都没有，那么后者注定会失败。不信的话，你可以看看大卫和吉姆的故事：

几年前的一个夏天，天气极为炎热，一群人正在铁路的路基上工作，这时一列缓缓开来的火车打断了他们的工作。

突然，一列火车停了下来，最后一节特制车厢的窗户被人打开了，一个低沉的、友好的声音响了起来："大卫，是你吗？"

大卫·安德森高兴地回答："是我呀，吉姆，能见到你真高兴。"

于是，大卫·安德森便和铁路的总裁——吉姆·墨菲愉快地交谈起来。在他们长达一个多小时的交谈后，两人热情地握手道别。

看到这些，在一旁的大卫的工人同伴们立刻包围了他，他们对于大卫能有吉姆铁路总裁这样的朋友感到十分震惊。大卫却并没有太大的激动，淡淡地解释说，20多年以前他和吉姆是在同一天开始为这条铁路工作的。

有一个人半认真、半开玩笑地问道："那为什么你现在仍在骄阳下工作，而吉姆却成了总裁呢？"大卫非常遗憾地说："23年前我为1小时1.75美元的薪水而工作，而吉姆却是为这条铁路而工作。"

人生目标直接影响到一个人一生的成败，设定一个远大的目标才会把握住更有价值的机遇，取得更大的成功。

如果一个人没有了对人生热切的愿望，那他根本不可能有什么奋进的动力，也就谈不上对机遇的把握和实现。

积极的人生愿望和理想是一个人拥有的真正财富。凡是努力工作、具有创造力的人，其最终目的就是为了实现自己的愿望。

如果对事业充满热爱，并选定了工作目标，就会自发地尽最大的努力去工作，抓住一切机遇，使它们成为现实。因此，为了获得更多机遇的垂青，让我们都先为自己找到更大的人生目标。

准备着，当天上掉馅饼时

如果没有充分的准备，就是一个好的机遇也会被白白浪费掉。机遇的到来不是成功在即，所以，请做好努力的准备，不然天上真掉下了馅饼，你还没有做好伸出双手去迎接的准备，那可就会追悔莫及。

我们现在所处的高速向前发展的时代，每天都有成千上万人成为富翁，成为成功人士，但也有成千上万人失业、破产。高速发展意味着高速变化，高速的变化蕴含着高频率的成败机遇。从表面上看，众多成功之士，似乎他们都是在不经意间便幸运地抓住和利用了一个又一个机遇，这些机遇又给他们一次又一次地带来了某种成功和财富。

实际上这些机遇的捕捉及其所带来的成果，都是付出了辛勤劳动和心血的产物，而且大都与他们具有的善于捕捉和利用机遇所必需的基本素质和主观条件分不开。他们时时刻刻都在努力，都在准备迎接"馅饼"的到来。

菲力从小就生活在一个贫困的家庭。父亲因为身体不好整天在家休养，不但无法赚钱养家糊口，而且还欠下了一大笔医药费。母亲在一家伞厂做工，每天要工作十几个小时。就这样，全家一直在借债的日子中度过。由于没钱交学费，菲力小学还没毕业就辍学了。

少年的菲力最得意的一件事，就是参加过当地教堂举办的业余演出。他发现自己喜欢那种站在台上接受鼓掌喝彩的感觉。那时，小菲力就决定要学习演讲，因为演讲可以有很多机会站在台上表现自己。如果他做得好，就能得到更多听众的掌声和赞美。

然而，演讲是一门易学难精的技艺，入门并不难，但要做好却不容易。但菲力没有被这个"门槛"吓倒，他下决心坚持到底。

苦练多年后，菲力终于能轻松自如地驾驭这项技能。他的演讲很有魅力，能让人哭，能让人笑；让人慷慨激昂，也让人义愤填膺。他的朋友此时看到菲力有这么好的演讲才能，又有头脑，对事情秉有清楚的判断，便建议他从政。

菲力闻言心动，此时的他又希望自己能成为一名受人尊敬的政治家。但想到自己的学历，他又胆怯了：一个小学文凭也没拿到的人，怎么有资格跟那些出身名门、受过良好教育的人竞选呢？即使侥幸获胜，可是自己能胜任那些有学问的人才能干得了的工作吗？

第二章
机遇来了，拉好"网兜"

他的想法被母亲知道后非常生气，她严厉地对菲力说："我能接受你被打败，但我不能接受你因为胆怯而失败。"

母亲的话让菲力感到既羞愧又备受鼓舞。为了不让母亲感到丢脸，他鼓足勇气，为迈入政界开始努力。30岁那年，他成功当选为纽约州议员。

但接下来，还有一连串的难题等着菲力去克服：他看不懂那些要他投票表决的既长又复杂的法案；当选了森林问题委员时，他还从未踏进过森林一步，更别说了解森林问题了；当选为金融委员会委员时，他对金融一无所知，甚至还从未在银行开过户头。所有这些陌生的东西都让他感到巨大的压力——但无论如何，菲力心想："自己面临的这一切都不会比母亲做苦工养活孩子更艰难。"

于是，菲力如饥似渴地学习，不但坚持每天都读书，甚至有时一读就要读上16个小时。日积月累，在他当选为纽约州长的时候，菲力已经成为了一个学识渊博的人。

曾四度当选为纽约州长，而且先后有六所大学授予他名誉学位，菲力创下了一个空前绝后的纪录。

菲力之所以有后来的巨大成就，绝不仅仅是命运的垂青，更重要的是他后天的努力。要知道，机遇只偏爱那种有准备的人，古今中外，概莫能外。如果一个人相信命运是可以创造的，那么也就承认命运往往光顾那些抓住机遇不撒手的人。德国著名哲学家尼采曾说："所谓超人，就是能够在必要的情况下忍受一切，而且还要喜爱这种状况的人。那些成就出众的人士，几乎都具有这种特性。"

有一次，卡耐基对一位刚刚从意大利回来的朋友说："同样在欧洲旅游，但不同的人所得的收获是大为不同的。"心灵比眼睛看到的东西更多。那些不动脑筋、对事物毫不用心的人只能看到事物的表象。

没钱、没学历、没背景，这的确不是很好的状况，但是，对于那些有进取心的人来说，它们也有许多值得喜欢之处：没钱，可以使自己免于沉溺在逸乐之中，能让身体和名声都得以保全；没学历，可以不断提醒自己去努力学习，去丰富自己的知识；没背景，可以使自己抛弃依赖他人的幻想，告诉自己一切得靠自身努力。

有些人走上成功之路，的确是归功于偶然的机遇。不过，为什么许多人终其一生都没有一个令他成功的机遇呢？事实上，不可忽视的是成功者本身必须具备获得成功机遇而抓住机遇的能力，这就是机遇垂青于那些有准备的人的关键所在。机遇无所不在，重要的是当机遇出现时，你是否已准备好了。

已经过去的岁月中，或许你一直在等待机遇，耗去了许多时光，却一直没有等到机遇出现。从今天起，在等候的同时，你可以开始做好准备，保持在最佳状态，以便机遇出现时，你可以紧紧抓住，不让它溜走。

抓住机遇的手，很有力

把握机遇的胜数永远与能力成正比。想象一下，一个五指没有力道的手，怎么能牢牢抓住一件东西呢？在如今这个强者胜劣者汰的世界，竞争越来越激烈，不思进取的人生存空间将变得越来越小，只有勇于进取的强者才能在竞争中获取有力量的机遇。

机遇往往稍纵即逝，没有人不梦想机遇，机遇却不可能平均分配给每个人。在机遇面前，人的能力最重要。其实能力并不是一成不变的，常常与自己的发展水平相关。

成功的人相信自己的能力，特别是潜在的能力，某个时候或许达不到某个目标，但只要自己拼命努力，终会实现，将不可能转化为可能，将自我潜能扩展到极致。

贝多芬是聋子，却成了大音乐家；辛普森小时候是个残疾人，却成了跳远冠军；弥尔顿是盲人，却成了大文豪。这些例子举不胜举、数不胜数。世界是公平的，机遇只垂青努力进取的人，特别是不断挖掘自身潜能的强者，一个成功的人永远相信自己的潜在能力无可战胜，谁也不会挡住他前进的道路。

有句俗语"有网就不怕捕不到鱼"，说得十分透彻。可以说潜能给了每一个人真正的机遇。是啊，既然有网，换个地方，多撒几下，肯定会有鱼的。机遇的把握胜数永远与能力成正比，一旦能力达到某种程度，所有的事情就变得比较容易。所以，挫折并不可怕，可怕的是漠视自身的潜在能力。很多闻名世界的成功者，当初也都是出身卑微的普通人，他们之所以能够成功，关键在于他们的执著，不放过身边的每一个机遇。比利时哈罗啤酒厂的销售总监林达就是其中一位。

如今，比利时哈罗啤酒厂的销售总监林达已经是轰动欧洲的策划家了。

可让人很难想到的是，被这样一个著名头衔覆盖的人，年轻时不但相貌平平，而且家境很贫穷。但林达并不甘于自己的处境，发誓要做一个有作为的男人。

当林达进入哈罗啤酒厂时，由于销售不景气加之又没钱做广告，厂子濒临倒闭。天生不服输的林达，冒险贷款承包了厂里的销售业务。在开展具体工作时，为了更好地推广产品，必不可少的就是做广告，可林达手里哪里有足够的资金？

在苦心思索毫无结果的情况下，他郁闷地来到于连广场，想出来散散心。漫步中，广场上撒尿的小英雄吸引住了林达的视线，他的脑瓜灵光四射，想到了一个最省钱的广告。

第二天，路过广场的人们便发现，小英雄的尿变成了哈罗啤酒，全市老百姓都争先恐后地去免费品尝。媒介对此竞相报道，林达就此成了众所周知的策划名人。

林达的成功在于他的执著和不甘放弃，同时，他丰富的想象力也充分展示了他的策划才能，从而把他推向成功的彼岸。

成功的人，不仅能发现自己某些方面的潜能，还能不断发展它们、提升它们，将它们转化为出众的才能，最终将一个又一个机遇抓住。

成败之间最大的区别在于：对能力的认识和运用上。失败者任由自己受环境和外在条件摆布，听天由命；成功者却从不气馁，即使环境恶劣，自身条件差，他们也决不放弃，而是想办法克服、用后天的努力弥补。常言道"打铁还需自身硬"，要想用实力证明自己，就得练就真正的本领。

一个从美国留学回来的年轻人，毕业后怀揣着计算机博士学位证书准备回国大干一番。没想到在找工作时却屡屡碰壁，没有一家公司愿意录用他。无奈之下，他收起了所有的学位证书，决定以低姿态求职。

没过多长时间，他就被一家计算机软件公司录用为程序录入员。这对他来说，实在有些大材小用，但年轻人却干得一丝不苟，并且能快速地看出程序中的错误。

这可是一般程序录入员没有的素质，老板发现这个问题后，便将年轻人叫来询问。这时候，年轻人亮出了学士证。于是，老板给他重新安排了一个职位。

一段时间之后，老板又发现这个年轻人时常能提出许多有价值的建议，远比一般大学生高明。在第二次谈话中，年轻人拿出了自己的硕士证，得到了老板的再次提升。

从那时开始，老板就开始有意地关注他。发现他总是能对公司提出非常有价值的建议，而且在实际操作上，能力也是高人一等。一了解才知道他原来是博士。

这时，老板对他已经有了全面的认识，毫不犹豫地重用了他。

人性的弱点之一，就是看低别人，抬高自己。这决定了为博得别人青睐时，总是遵循由低到高亮出自己身份的顺序。这在人与人的短期交往时可能奏效，但若想与人长期打交道，则必须在长期的工作实践中，让实力证明自己。

所以，要想抓住机遇，自己还要先练就足够的实力。那位博士之所以最终得到重用，就是由于从最底层干起，他的工作能力被老板逐渐发现、认可。

正如古语所说"宁可备而未遇，不可遇而未备"。请在机遇到来时准备好自己的实力，如果有实力无机遇，那么是遗憾；如果有机遇而没有实力，就成了悔恨。

不想去承受，机遇很重

良好的心理状态是把握机遇的重要因素。机遇很重，没有良好的心理素质，会被机遇压得喘不上气来。

虽然事业成败与主观上的努力密不可分，但努力是需要在良好的个人环境中进行的。有些人付出许多汗水却往往功亏一篑，除了毅力不足之外，还有心理承受力超过了限度，担负不了最后冲刺，到手的机遇又失之交臂。

成功的心理状态可以让你在瞄准机遇的同时，果断地采取有效行动，这种坚定不移会使你在行动时能正确地判断、决策、实施，最终达到目标。

怀斯曼教授说："自认为缺乏运气的人会感觉精神紧张，心理压力大，出门时开车技术也会下降，随时可能走神，发生交通事故的可能性大大增加。"看看周围，观察那些杰出人物，他们大都能在遇到各种问题的时候及时调整心态，改变自己以适应环境。如果他们不这样做，他们同样会在过度紧张的压力下而精神崩溃。重要的是，他们都具有成功人士的良好心态，也就是成功心态。

相反，那些容易焦虑的人在遇到突发事件时会表现得惊慌失措，这样即使身边有机遇出现也不容易被发现。因此，无准备心态与沉重的患得患失心态是一样的，都会把机遇丢失。

遇到逆境，要从全新的角度来思考问题，激励自己采取行动，成功者与失败者的与众不同之处在于生活态度，他们时刻为机遇做好准备，养成了利用机遇的习惯。他们懂得冒险与鲁莽、经过分析的预感和徒然的希望之间的区别，总是有意识地吸收信息以提高其直觉的准确性。因此，他们的行动表面上看是有风险，事实上，他们的行为是在明确的成功可能性意识的指导下，实现其经过分析的预感。他们通常

第二章
机遇来了，拉好"网兜"

对其他人只看一眼的东西会再多看一眼，以便从中发现问题，寻找出再一次成功的机遇，他们善于把问题变成机遇；他们懂得在困难的形势下断然退却，不干那些看不到前途的事情。

而有些人往往因为把握不住冲动的情绪，不知道何时改变方向，一意孤行，最终造成惨败，而丢失机遇。其实，当自己发现脚下的路不适合自己时，就不必再坚持，因为成功的机遇很可能就在转身的那一瞬间到来。不信的话，你看看下面这个故事：

有一位美国总统的经济顾问，原是在某个乐团里演奏萨克斯管的乐手。为了成为优秀的艺人，他曾在纽约音乐艺术学院花费了大量的时间和精力进行深造。

在学习的过程中，他越来越意识到自己在音乐方面的潜力很有限，无论再怎么努力都不会有更高的成就。

于是，他毅然放弃了自己多年努力的方向，重新选修了经济学。找对了路子，让他的事业发展蒸蒸日上，除了给美国总统做经济顾问外，他还担任过联邦储备委员会主席。

成功者都有勇于面对失败和挫折、把握机遇、绝不放弃的决心，都能通过有效地利用自己的决心来实现自己的目标。

美国著名连锁店的创始人潘尼曾经对卡耐基说："即使失去我所有的财产，我也不会烦恼。我觉得那种情况对我起不到任何作用。我的责任是尽全力做好工作，最后的结局只能靠上帝了。"失败的苦酒只是生活的一个组成部分，成功者拒绝让它们支配自己的情绪，影响自己的心态，反而利用失败创造机遇走向成功。

所以，良好的承受能力对于成功者来说，显得尤为关键，因为他们不再患得患失，往往能够把自己全部的精力用在该用的地方。这样，成功就会变得更进一步。成功者虽然各种各样，但是有一点是相同的，那就是他们具备很强的心理承受能力。成功很美，机遇很重，你准备好了吗？

第三章
认识机遇，喊出名字

成功多种多样，所以机遇也是多种多样，在纷乱的机遇之中，我们只有找到适合自己的机遇，才能避免"小牛拉大车"和"大材小用"。更为重要的是，防止掉进机遇的陷阱中不能自拔，所以记住机遇的"长相"，熟悉机遇的"声音"，才能和机遇成为朋友。

揭开密码之后的机遇，很苍白

每个人一生中都会碰到各种各样的机遇。人人都会碰到机遇，但并不代表人人都能发现和利用机遇。要想发现机遇，首先要认清机遇的实质。

机遇的发现和利用，既受事物所依赖的各种条件以及机遇本身显现的程度等多种客观因素的制约，同时也受人的需要、爱好、兴趣、知识、经验、思维能力、思维方法等多种主观因素的制约。也就是说，机遇的发现和利用，既依赖于客观条件所形成的某种有利时机的显现，也依赖于人对这种有利时机的认识。所以，机遇是客观因素与主观因素共同起作用的产物。

人生是由许多个步骤连在一起而成的。机遇就隐藏在不同的步骤中。机遇与机遇之间有一种密码式的联系，只要你能够破译相连的密码，就不难攀登上成功的高峰。

密码一：机遇具有罕有性，这是相对于个别的人来说的。

俗话说："二鸟在林，不如一鸟在手。"无论机遇有多少，不在我们掌握之中的，就不是我们的机遇。想要掌握机遇，绝对不是易事。由于机遇稍纵即逝，因此难于掌握。形势变化制造机遇，但也能扼杀机遇。

此外，由于竞争极其激烈，机遇往往会在我们稍一迟疑时，就被别人抢夺去了。这是客观环境令机遇难以掌握的原因。

由于本身的限制，往往错过不少机遇。可能是性格、心理上的弱点，令其看不见机遇，或者即使看见，却不愿意或不敢去争取，或者是物质条件不足，没有足够条件去开发机遇。虽然机遇俯拾即是，但由于种种限制，许多人在一生中，往往只有那么两三次机遇可以在他们掌握之中，为他们所用，这便是机遇罕有的意思。

密码二：机遇具有偶然性。

正是机遇这种具有偶然性的特点，才使机遇现象千姿百态、异彩纷呈，尤其是在科学发明过程中表现得非常突出。

1846 年的一次试验中，瑞士化学家桑拜恩打翻了一个盛放硫酸与硝酸混合液的坩埚。急忙中，他随手抓起棉布围裙去擦坩埚，谁知坩埚却噗的一下燃烧起来，并且一点浓烟也没有。突然冒出的火光，让桑拜恩下意识地跳了起来。不过他很快意识到，这正是自己梦寐以求的化合物火药棉，烈性炸药就这样诞生了。

那么，再来看看爱迪生发明的留声机，还有牛顿发现的万有引力定律，也都是在看似偶然中"碰"出了"火花"。诚然，并非所有的科学发明都是如此，但同时不可否认的是，偶然性具有特定的意义和地位。

偶然性使机遇的出现呈现无序的状态，但是，从事物普遍联系的意义上看，没有脱离必然性的偶然性，任何偶然性中都包含着必然性，纯粹的偶然性是不存在的。

无序性是机遇的一个魔力特征和神奇色彩。因为机遇的出现常常出乎人的意料，它不以时间、场所和方式示人，甚至它还以较为奇怪的方式出现，像歪打正着、因祸得福等。也就是说，机遇常常以非正常的逻辑顺序和行为方式出现。它昭示人们，由于事物的复杂性、发展的无限性与联系的广泛性以及认识上的局限性，不管多么周密的计划与高明的预言，都不可能将一切情况囊括无遗。即使在明确的指导下行动，也不可能充分估计到事物发展过程中的各种细节。

密码三：机遇像网络。

网络的特性，令机遇能够像细胞一样不断分裂。一个机遇来到面前，只要我们能好好把握，把机遇的潜能发挥到极致，就会发现其他机遇从四面八方向我们涌来，像滚雪球一样，越滚越大。

揭开机遇密码的关键是什么？先掌握小的机遇，充分发掘它的潜能。就好比去参观游乐园，先购票，这就掌握了创造机遇的条件；进场，相当于捕捉到第一次机遇；

进场之后，按照路标的指示，到游乐园内去寻幽探胜，沿着机遇的网络，由一个起点到达另一个起点，由一个成功走向另一个成功。

密码四：机遇是条善于伪装的变形虫。

机遇往往最爱在没有人注意的地方出现，当它到来时，不会摇旗呐喊，通告全世界。它总是静悄悄地降临，当大家正在为琐事所困，没心情去注意身边所发生的事情时，机遇就会"偷偷"来到众人之间，静待发现它的那一个人；而有时，机遇却突如其来，很多人被弄得手足无措。

漫漫人生，如果把成功当作目标，那么没有捷径；如果把成功当成是一座宝藏，那么宝藏的钥匙就是机遇。因为，人生之路都是要靠自己走的，而成功的钥匙是必须找到的，否则你的人生只是行者，看不到宝藏的光辉。

有一种机遇，叫作"放弃"

为了能生活得更好，让成功的概率更高，确实要成为一个"机会主义者"才行。只有善于发现机遇、把握机遇，才能不断实现自己的人生理想和目标，成为自己想成为的人，做成自己想成就的事业。

怎样才能在人生的道路上，走得更加顺利，那就要学会放弃。其实，放弃也是一种机遇，一种让自己少受失败的机遇。

每个有头脑的人都能够从小事中寻找出机遇的影子，粗心大意的人却轻易地让机遇从眼前飞走。

对于有心人而言，遇到的每一个人，见到的每一个事物都是一个机遇。多姿多彩的生活，同时也让机遇的种类繁多，学会放弃才是精明面对机遇的必要手段。华卫阳现在是一位新西兰皇家科学院的著名科学家，他能够获得如此高的成就，就是因为他当初所做的一个决定。

20世纪80年代初，华卫阳通过4年刻苦努力的学习，以优异的成绩取得了学士学位。大学毕业的他，选择了去西部发展。当时，我国西部地区条件相当差，许多人都不愿意到那里工作。而且以华卫阳的成绩和条件，完全可以留在杭州工作，但华卫阳却认准了在兰州一家全国唯一专业对口的研究院，认为在那里可以发挥自

第三章
认识机遇，喊出名字

己的专长。

于是，他被分配到化工部兰州化工机械研究院工作，从事化工装备技术研究开发。刚到研究院那年，他就有幸与别人合作承担了5项国家"七五"、"八五"计划攻关项目的研究与开发。在这个过程中，华卫阳先后获得了一项国家重大装备科技进步奖、一项省科技进步奖和三项研究院科技进步奖。

通过10年的奋斗，当时已担任研究院下属一家研究所副所长职务的华卫阳可谓事业有成，但他并没有满足现有的这一切。因为在不断研究和探索中，华卫阳越来越认识到国内的化工研究及发展条件与国外相比，还是存在着不小的差距。他越来越想着要到国外去学习先进技术。于是，1993年，他登上了飞往新西兰的飞机，开始在新西兰寻求发展空间。

下了飞机，华卫阳提着两只旅行箱，望着眼前举目无亲的陌生世界，一时间有些茫然。这时，一对老夫妇邀请他到儿子家暂住。华卫阳在飞机上曾照顾过这一对准备到哈密顿探望儿子的老夫妇。

为了生存，华卫阳第二天就上街去找工作。几天后，他在一家餐馆找到了一份打杂的活，才算解决了吃住这些基本生存问题。

3个月后，华卫阳又在一家铝合金公司找到了一份当技术工人的工作，虽然是基层工作，但他干得很卖力，一段时间后，被调到公司办公室进行计算机管理软件的开发。华卫阳很快就开发设计出了一套网络管理程序，大大提高了管理效率。

如此一番实干，让这家铝合金公司的老板十分赏识。在进公司不到半年的时间，华卫阳就当上了经理。

华卫阳虽然时刻提醒自己当时出国的初衷，但苦于一直没有新的机会，他只好边干边等。这一等就是5年。

1998年，华卫阳再也等不住了。他毅然辞职，一心攻读博士学位。在此期间，华卫阳一边潜心攻读，一边撰写学术论文。两年学习的时间里，华卫阳在国际专业杂志上共发表了十多篇有关新材料开发领域的学术论文。

2000年，华卫阳获得博士学位不久，新西兰皇家科学院招纳贤才。华卫阳凭着他的实力和那十多篇极有见地的学术论文顺利地叩开了科学院的大门，走进了新西兰最具权威的科学殿堂。

短短7年的时间里，一切从零开始的华卫阳戴上了新西兰皇家科学院科学家桂冠。他的成功完全可以说明：机遇是无处不在的，当机遇到来的时候，应该学会舍弃一部分，才能找到人生新的出口。

我们每个人都应该靠自己的实力去成就自己的眼光，做一个机会主义者，见机遇就上，放弃那些不好的机遇，然后收获源源不断的成功。

寻找机遇，从了解自己开始

发现机遇等于从事物中找出未被注视、未经利用的地方，例如哥伦布发现美洲大陆。当我们为了寻找机遇跑遍大街小巷又找不着机遇时，不妨回过头来，从自己的性格和经历着手，发掘潜在的机遇，往往会有意想不到的收获。

要想获得机遇，首先要问自己："我是个怎样的人？"了解自己的性格、欲望、生活目标、优点和缺点、专长或技能等。

认识自己，我们才能更容易摸清事业的方向，把自己的长处充分发挥出来。也只有方向正确了，努力才不会白费。相反，如果连自己都不认识，好比被人蒙上眼睛，在漆黑之中不能辨别方向，到处瞎摸一通，处处碰壁。连生活都成问题，何谈机遇，何谈成功。说到这里，我们不得不提到一个通过别人认识自己，后来获得成功的人，他就是歌王纳京高。

美国著名的爵士歌王纳京高年轻时，曾在美国的一个小酒吧里弹奏钢琴。那时候，他还只会弹钢琴，不过他弹得很用心，也相当不错，所以每天晚上都有不少人慕名而来，认真倾听他的弹奏。

一天弹了几首曲子后，一位中年顾客对纳京高提议道："我每天来听你弹奏的那些曲子，我都熟悉得简直不能忍受了，你不如唱首歌给我们听吧。"这个提议获得了不少人的赞同，大家纷纷要求纳京高唱歌。

纳京高不会唱歌，也从来没有唱过歌，他不想出丑，便一再坚持说自己只会弹钢琴。但是，酒吧老板说："你要么选择唱歌，要么另谋出路。"

被逼无奈，纳京高只好红着脸唱了一曲《蒙娜丽莎》。很快，大家都被他那流畅自然、男人味十足的唱腔迷住了。纳京高不唱则已，一唱惊鸣人了！

纳京高是幸运的，有人帮他了解他自己，他获得了机遇。可是生活中没有太多的运气来展现自己，所以，认识自己，显得尤为重要。

也许，"人贵有自知之明"更加能够说明问题，认识自己，才能知道自己想要什么样的机遇，机遇到来才能更加准确地抓住；认识自己，才知道自己适合什么样的机遇，当几个机遇一同到来，知道应该选择哪一个。

人生，很多时候都在十字路口，如果自己都不了解自己，不用说机遇，该有什么样的人生，让自己回答的话，也是一个难题。

抓住机遇，从认识自己开始，如果自己实在不认识自己，多请教别人，相信别人会给你一个准确的答复。

机遇不是静止的，而是动态的

如果把机遇视作资源的话，就会发现，机遇的损耗最大。也就是说，大多数机遇没有被人们合理利用。究其原因，就是因为机遇是动态的，不是留心就能够捡到的。它好像一只可爱的兔子，是会动的，它不会停在那里等待别人来抓的。

抓住机遇就好比老鹰捕兔子，一不留神稍纵即逝。老鹰要捕捉到狡猾的兔子，就必须做到稳、准、狠。机遇的特点就是谁也不等待，老鹰在天上盘旋，只能说是"机"，老鹰捕捉到兔子的一刹那才是"遇"。例如，门前有一个卖早点的，他天天都这么卖着，你天天都能见到他，双方之间公平交易，这就不叫什么机遇。如上所说，"机"是一条线，"遇"是一个点。通常说的机遇，主要是指"遇"这一部分。

提起日全食，恐怕无人不知无人不晓，但是能够从这个看似平常的天文景观中发现商机的人，却少之又少。机遇总是留给灵动的人，一个卖胶片的人就借助一次日全食的机会发了财。

20世纪80年代的一天，曾出现过一次百年不遇的日全食。它的时间是在上午。现代科学早就计算出了日全食的准确时间，并印在了日历上。

百年不遇的日全食是所有的人都想看到的，但是肉眼直接观看日全食会很刺眼，并不是太方便，所以人们要么在家中找上一个照片的底片，隔着底片看。要么就是倒一些墨水在水盆里，从墨水的反光中观看日全食。

但在大街上行走的人该怎么把握这次机遇呢？有一个人想到了这个问题，他采取了一个很简单的办法——提前加工一大批深色的胶片，裁成小方块。

日全食当天，他在全市设了几十个销售点，一片深色胶片的加工费不过几分钱，但他每一片卖五角钱。对于想观看日全食的人来说，花五角钱获得一次百年不遇的机遇，绝对是值得的。那些小方块胶片立即被抢购一空，这个卖胶片的人借此获得了高额利润。

这个卖胶片人之所以抓住了机遇，最主要因素就在于他靠头脑把握住了"日全食"这个机遇，如果年年都有一次日全食，也就称不上什么机遇了。机遇只有一次，一旦抓住了成功的概率会很高。如果谁都会如法炮制，大家就只有公平竞争了。

世界上没有两个完全相同的机遇，也没有一模一样的成功。也就是说，机遇从来都是只出现一次，第二次出现的机遇不可能和第一次一模一样。也可以这样说，机遇总是处于不断变化中，不时会出现。

大家没有必要恐慌，机遇也并不完全是不可捉摸、不可把握的，它有其自身规律。它的规律就是：在自己熟悉的领域里面，能够更好地抓住机遇；在一个环境里经济、文化、政治越发达，机遇就会越多。

随着时代发展，机遇的内涵也在变化。进入互联网时代，机遇仿佛拥有了全新的概念。"机"在无限的网络之上碰撞，几乎要把人们忙坏了。

常言道："机遇总是偏爱精明的头脑。"因而，不管机遇是静态还是动态的，都是可以捕捉得到的。人们往往抱怨自己的机遇不佳，却没有仔细研究过机遇存在的规律。机遇，可求，也可遇。循着机遇留下的脚印，然后猛跑一阵儿，或许就会抓住这只"兔子"。

变化意味着机遇

生活中永恒的是变化，如果不改变就意味着被淘汰；只有变化才会有机遇，机遇就是这样的，如果不想变化，估计现在的人们依然要生活在原始森林中。

每个人的生活都不是一条笔直的通道，可以任由穿行。变化无时无处不在发生，

第三章
认识机遇，喊出名字

它是永恒存在的，无论你是否害怕变革的到来。它就像一座迷宫，不管是深陷迷茫，还是在困境中搜寻，每一个人都必须找到出路。没有变化就意味着停滞不前，又怎会有进步的机遇可言？

《谁动了我的奶酪》中描绘了四个小精灵在迷宫里寻找奶酪的过程，故事中的"奶酪"就是人们追求的成功，它确实存在着，却又因环境的变动而不断发生着改变。

面对变化，不同的人会有不同的心态，从而也会有各种迥异的行动。有的像"嗅嗅"，能够及早嗅出变化的气息，积极应变，获得成功；有的像"匆匆"，能够迅速行动；有的像"哼哼"，因为害怕，怨天尤人，消极等待；有的像"唧唧"，当看到变化会使事情变得更好时，能够及时调整自己去适应变化。

只有正确认识并接受变化，培养"求变思维"，才能让生命中不断出现转机。杜大海就是这样一个善于接受变化，且利用变化的人。

杜大海开了一家维修店，维修电脑，零售各种电脑软硬件、配件，组装电脑。他的生意很惨淡，还在一个朋友那儿有两万多无法追回的货款。经过长时间的交涉，朋友提供了两万多只鼠标垫，用来抵偿债款。

看着这批鼠标垫，杜大海就像手持鸡肋，食之无用，弃之可惜。毕竟鼠标垫很不值钱，随便到什么展览会上就可以拿几个，能有多少人买？而且生意越来越不好做，他在店里也只是闲坐着看报纸，玩游戏。

"我刚学会五笔输入法，对于一些字根还不是太熟悉，翻书吧，又感到很麻烦，要是字根就在鼠标垫旁边就好找了。"一天，一个朋友来玩，闲聊之余便坐在电脑前练习打字时，不由说了一句。

"要在这些鼠标垫上印上字根表，也许对那些记不准字根的人，会很方便。"听到朋友的话，杜大海突发奇想。但他又犹豫了，如果自己的想法别人认同还算可以，如果卖不出去的话，又要多贴印刷的成本。

最后，杜大海狠了狠心，还是决定试一试。鼠标垫上印上字根表后，他就到网吧、打字店、电脑培训班推销，果然卖了很多。

一天，一个中年男子来到杜大海的公司，当他看到杜大海的鼠标垫上印着五笔字型字根表时，立即询问这种鼠标垫的价格，并说："我走了很多地方，就是找不到合适的产品和合适的价位。如果一个是1 2元钱的话，我会要两万个鼠标垫。"

原来他是一家电脑公司的老板，最近公司在一家全国联网的寻呼部接到了一个两万台之多单 PC 机的大单子。寻呼台那方面特别强调，所用的 PC 机除了配齐常规的设置外，还需要一个鼠标垫和一张五笔字型字根表。

现在这种印着五笔字型字根表的鼠标垫可以将鼠标垫和字根表两样东西用一样东西的价钱买回去，省钱又省事，把对方要求的两件事情当作一件事情来办，真是打着灯笼也难找。有了这样的条件，这家老板自然很希望能达成这笔生意。

杜大海正好还剩差不多两万个鼠标垫，经过跟对方的交涉，生意自然水到渠成了，杜大海也获得了一笔意想不到的利润。

如果杜大海一直不改变自己的办事思路，那么，就不会有机会推销自己的鼠标垫，只能让鼠标垫一直闲置。然而，有了一个小小的变化后，有了后来的机会，死货就这样变成了活钱。

无论是生活、工作，还是学习中，变化总是无时无处不在发生，也就是说变化是永恒的。每一个人都是如此，但无论你是否害怕变革的到来，原有的"奶酪"总有一天会消耗，我们该如何面对？

其实，我们大可不必为打碎了的玻璃杯而伤心，也没有必要为我们记忆中的"奶酪"而向往，那只会是"白头宫女话玄宗"的无奈和一厢情愿的神往。

生活是个奇怪的东西，并不会遵从某个人的愿望。想要成功就需要超越恐惧，摆脱那份等待的"安逸"，从变化中寻找到适合自己的道路，伺机而动，寻找新的"奶酪"。不管自己是否意识到，新的"奶酪"总是存在于某个地方，只有积极地面对改变，你才会发现更好的奶酪。

如果能够尽快调整自己适应变化，完全可以做得更好。当面对变化时，会害怕，会感到无所适从，这很正常。只要能够认真科学地对待畏惧，它甚至可以帮助自己避开真正的危险。无须拒绝变化，可以改变对变化的态度，在变化中享受变化，拥抱变化，迎接变化。

既然生活在这样一个快速、多变、创新的时代，每个人都可能面临着与过去完全不同的境遇，所以人们时常会感到自己的"奶酪"在变化。

在当今社会科学飞速发展的现实情况下，我们的竞争也越来越多、越来越强、无处不在。目前拥有的"奶酪"随时都有可能被移走，要想保住现在的"奶酪"，只有培养改变的勇气和思路，认定与时俱进、不断创新的奋斗目标，做好我们的本职工作，不断地学习新知识、了解新知识，掌握新技术、迎接竞争、挑战未来，才能不被淘汰。

有的放矢，把机遇分分类

现代社会，机遇无处不在，关键是能否把握住它。有的人因为恰当地抓住了机遇一跃而上，踏上了成功的天桥；有的人却因为一叶障目，错失了在眼前晃动的机缘，一生庸碌而过。

那么，如何能得到这位机遇"天使"的青睐呢？想来，只有首先认清她的百般模样，摸准她的脾气秉性，才不至于让她因为你的怠慢而拂袖离去。

仔细观察机遇，从本质上来讲，无非区别于两大类。一类是"先天不足型"，用民间的俗语说就是"底子不好"，本身就没有机遇的"种子"。与之相对的，就是"营养充分"，已经具有机遇的"胚芽"。前者我们称为"隐性机遇"，后者则是"显性机遇"。

在"先天不足型"的土壤里，并不一定就长不出机遇的花朵。说这样的话，首先是因为谁也不能否定我们就绝对遇不到"中头彩"的运气。其次所谓"时机时机，时候一到便是机"。眼下没有机遇，但三月五月、三年五年之后呢？只要自身准备充足，就不怕"等"不来机遇。除此之外，我们还可以借"贵人"之势，出现转机；更可以凭创造之才，成就契机。

如此看来，在"底子不好"的情况下，也不必悲观失望。只要抱着一颗积极创造的心，识透其本质，自可以把隐藏在面纱下的"天使"请出来。为了更加真切地认识到此类"隐性机遇"的样貌，特地将机遇细分为以下三种，并一一进行详解。

第一，"时机"要靠等，也要靠实力。

"好运"不可能时时发生，也不可能降临在每一个人头上。当运气还没有来临时，请不要气馁，因为机遇往往是在意外的时候出现的。只要你一直不放弃努力，终究会"等"来机遇女神的现身。

这就如同钓鱼的过程：在漫长的等待时间里，不但不能有丝毫的走神，反而要加倍注意，紧握鱼竿。一旦鱼儿咬钩，机遇来临，就要瞬间把握住，如此锲而不舍才能钓到大鱼。

第二，"转机"巧借势，"贵人"平时交。

对于成功而言，个人的奋斗虽然是主要因素，但离开了别人的栽培，难免要走太多的弯路。在成长的道路上，若能得到贵人的扶助，那可就万事不难了。

但在本来就"先天不足"的土壤里，想要遇到助你一臂之力的贵人，似乎就更是难上加难了。然而好在除了主动争取贵人之外，还有一点是本就不具备机遇"种子"的你可以做的：吸引贵人，让其主动走到你的身旁。

这就需要你在平时多"种善因"，到了一定时候，自然就会"结善果"。请记住"勿以善小而不为，勿以恶小而为之"，凡走过必留下痕迹，你今天的作为就决定了明天是否会遇到"贵人"的相助。

第三，"契机"靠创造，积极在自身。

积极的人通常都比较有胆识，敢于自我挑战，寻找机遇，自然也就多了一分自我实现的契机。

比如谈恋爱时，敢于主动出击；求职时勇于毛遂自荐。而对于营销人员，即使市场陌生，他也能主动拜访客户并谈笑风生、妥善调节气氛，做成大笔的生意。

一言以蔽之，对于懂得创造机遇的人来说，任何场所都是他的舞台。

相对于"隐性机遇"来说，本来就营养充足，具有"胚芽"的"显性机遇"就显得更加容易辨识，也更应该被果断地把握住。同样，我们细分为以下几个方面来一一概述。

第一，"先机"靠抢占，行动力是头牌。

机遇来了就是来了，不用怀疑。早就说过，机遇这位"天使"是灵动而敏感的，如果你对她一点也不在乎，她肯定会掉头就走。所以，有了机遇，行动力是不可少的。

第二，"现有的"机遇不要被赶走。

人在幸福中常不自觉，因此造成了许多遗憾。"日久顽生"是人类的劣根性。有些人在拥有机遇时，不懂得珍惜和善用，却常常"伤害"机遇。比如现有的"好工作"、现有的"好朋友"。"受伤"的机遇失望进而绝望，便再也不会回头。此时，也只能用反省、修正的态度，来试着寻求一线"生机"了。

第三，机遇"将尽"，见好就收。

一个人的机遇时有时无，并非永恒不变。"富不过三代"、"乐极生悲"、"盛极而衰"，都足以引起我们的警示。

《红楼梦》中贾宝玉艳福无边，结局却是一场悲剧；胡雪岩政商关系红透半边天，到最后也是徒留遗嘲。久赌必输，是亘古不变的真理，只有懂得见好就收的人，才会继续有下一次的好机遇，否则"出师未捷身先死，长使英雄泪满襟"，机遇便不再眷顾自己了。

如果机遇过多，请抉择

人才市场开放后，每个人都有选择职业的机遇了。从宏观的角度看，整个世界都可以供你选择，各个行业都可以供你选择，各个领域都可以供你选择。一个人有真才实学，那么选择的主动权就操在他的手里。面对众多的机遇，究竟应该怎样去选择，是个令人头疼的问题。

对每个人来说，未来的路都刚刚开始，每个人都有重新选择和重新来过的机会，不要说你不行，不要说你做不到，你只要问问自己，你肯付出多少，未来的生活永远和你的付出成正比。

虽然没有人能够规定怎样选择是对的，但是有一点是可以肯定的，那就是做自己最适合做的事情，这样才会得到意想不到的收获。尤其是那些涉世未深的年轻人，选对了机遇和自己要走的路，才能够更快地获得成功。我们来看这样一个故事：

一个名牌大学毕业的小伙子，在某县政府办公室当秘书。一开始，他对自己的才华和将要从事的工作信心十足，一心认为凭着自己的能力，获得提拔应该是件很快的事。

但随着工作的展开，小伙子发现每天有那么多不顺手、不称心的事情在等着他，使他难于应付，他的信心开始动摇。

一次，县长安排他写一篇1小时左右的发言稿。考虑到他初来乍到又没有什么经验，县长在安排任务时还特意交给他几个以前用过的发言稿做参考。

小伙子文思敏捷，毕业前曾在报纸杂志上发表过多篇文章。他只用了不到1天的时间，便写出洋洋洒洒两万多字的发言稿。当他下班前将发言稿递交给县长时，脸上洋溢着压抑不住的得意。

谁知县长看过发言稿后，沉默了好一阵子。半晌，望着年轻人说："你的文笔嘛，非常优美，一看就知道是有相当功底的，写作速度也很快。不过，这篇发言稿读起来感觉有些拗口，而且也过于冗长。你可能还不太了解，一般大会上发言的语速要比正常语速慢，大约每分钟不到100字吧。另外，里面有些观点，事实依据不是很充分，有一定的主观臆断成分。"

尽管县长语气和蔼，没有一丝批评的意思，小伙子还是感到很没面子。他感觉，无论县长怎么措辞，自己写的这篇发言稿总归是失败了。

除了类似工作上的不顺心，最让小伙子苦恼的是复杂的人际关系，对于怎样做到不得罪人或者是否已经得罪了人，他都心中无数。

每天，小伙子提心吊胆、如履薄冰地应付着一切。终于有一天，他认为自己没法在县政府再干下去了，便跑去找县长，要求下放企业，不然他宁可辞职。

县长问明原因后，毫不客气地说："作为一个刚刚走上工作岗位的新人，有许多需要学习和适应的东西，也会遇到许多难题甚至挫折。一遇到问题就逃避，还能做好什么事？难道给你换一个工作岗位就没有问题了吗？你要做的是正视问题，解决问题。没有勇敢面对问题的态度，你到哪儿都干不好。"

县长一席话，如当头一棒，敲醒了小伙子的迟钝，同时也解开了他心中的郁结。此后无论做人做事，他都不强求于结果，只是抱着一个良好的心态尽力去做。随着经验的丰富，他干得越来越顺手，他的才干和认真负责的态度，也越来越受到领导的重视。

没过多长时间，小伙子就被破格提拔重用。

年轻人从开始起步到事业有成，中间尚有若干距离。首先要学会的是选择机遇，以及一旦选择后所要面对的问题，然后抱定打硬仗的心理准备去面对一切难题。

如果是因为自己心态和能力的问题，而不断徘徊在各种机遇之间，无疑，这种做法是不理智的。天下没有一件事情是一帆风顺的，如果只是因为小小的困难而放弃机遇，那么就是对自己最大的不负责任。或许，还有别的机遇在等着你，但那里面也会出现很多意想不到的问题。

第四章
冒险才能利用机遇

> 勇于挑战自我的人永远是时代的佼佼者，因为他不满足于现状，努力开拓出一片新奇的土地，并收获到意想不到的机遇。人生就是不断向外拓展的过程，如果只是故步自封，拘泥于自己狭小的圈子里，满足于现有的成就，那就只会成为井底之蛙。敢于跳出去迎接新的挑战，接触新的世界才会看到幸运女神的微笑！

机遇，不冒险就错过

每一次成功都叫作冒险，每一次冒险都有成功的希望。当手捧着机遇却不想去冒险的时候，机遇就好像冰块，将慢慢融化成水，然后从你的指尖流出，最后消失。

可有些人即使看到机遇的到来也不敢马上抓住，总是怕担当风险。想要成功，就不要有这种怯懦的精神，成功需要的是敢冒风险、脱颖而出的精神，需要的是大胆抓住时机，尽快走到前头的风格。

冒险精神是企业家精神的一个重要内容。但冒险精神不是指那些无方向、无目的、无计划的蛮干，而应该是以谨慎和周密的判断作为基础，然后比他人抢先得到获取利益的机遇。

竞争时代，只有面对风险，实行风险经营者，才有可能获得生存和发展。成功具有的诱惑力往往是人们难以抗拒的，想要好好抓住机遇取得成功，就要敢于承担风险，这是谁都无法避免的。哈斯布罗公司的董事长哈森菲尔德就是个敢于冒险的人，也正是因为他的这种魄力，才让一个濒危的企业重振雄威。

哈斯布罗公司是美国一家老牌玩具生产企业，从事玩具行当已经有几十年的历史了。在20世纪70年代以前，虽说公司达不到进入全球500强的实力，但经营上也没什么纰漏，始终在稳步地向前发展。

但市场就像大海上的天气，往往会在瞬息之间风云突变，常会使一些没有思想准备的经营者突遭"横祸"，一夜之间赔得血本无归。进入20世纪80年代后，亚洲一些国家或地区，大量的轻纺工业和劳动密集工业蓬勃发展，玩具业是其中的一种产业。哈斯布罗公司就是在市场变幻中受到了强大冲击，险些被来势汹汹的香港玩具冲垮。从1981年起，业务开始出现日趋萎缩的现象，企业入不敷出，销售额一落千丈。

危难之时，公司的老董事长引咎辞职了，由一个名叫斯蒂芬·哈森菲尔德的人出任该公司的董事长兼总经理。哈森菲尔德在商场上已经摸爬滚打了二十几个年头，是一个有经验的企业家。上任伊始，他首先对公司情况进行了全面了解和分析，然后对美国玩具市场和全球玩具的生产和发展情况进行深入调查研究。在掌握了大量信息和第一手资料后，研究并制定出方案，并出台了多项风险决策。

哈森菲尔德认为，香港的玩具之所以能抢占市场，关键在于其花样品种多，具有新、奇、巧的特点。但是哈斯布罗公司还不具备生产这样的新型玩具的能力，因为生产这些极具时代特色的玩具，必须要有先进的生产设备。如遥控车、会哭会笑的娃娃、会讲话的电话机等，都需要有较精密的电子技术及设备。

哈斯布罗公司的"拳头产品"是他们一直以来生产的"美国大兵"，这种玩具在20世纪六七十年代十分畅销，但是在香港玩具的冲击下，销售额大幅缩水，原因就在于款式陈旧，成本高昂。鉴于此，1982年哈森菲尔德决定投入3000万美元更新设备，1983年又投入3000万美元收购布拉德利电子公司。投进了6000万美元后，哈斯布罗公司终于有能力生产能够跟得上时代发展步伐的玩具了。

在进行技术改造的同时，哈森菲尔德也对公司的组织结构进行了大刀阔斧的改革。他撤销了一些行政机构，增设了促销部门。特别是注意选好推销员，把促销部门视作全公司最重要的部门之一。不难想象，他的这一举动，触及了许多有资历的人的利益，这些人当然会极力反对。但哈森菲尔德显然是铁了心要把他的改革进行到底。他起用了一位名叫阿兰·哈森菲尔德的普通工人负责推销工作。有许多经理瞧不起这个人，说这个人是董事长的亲戚，是靠裙带关系爬到现在的位置上的，因此在工作中给予诸多刁难。哈森菲尔德知道后，在全公司范围内宣布，再有敢刁难新任推销经理的人，一律撤职。后来事实证明这位普通员工出身的新推销经理技巧高明，推销得力，在他的促销下，公司的销售额在接下来的3年内，每年都增加了30%以上。

哈森菲尔德认为，玩具不应该仅仅是小孩子们的最爱，更应是成年人的欣赏品。为此，他投资上千万美元成立了一个专门的研究室，用来研究和开发新型玩具，甚至还花高价去购买一些技术专利。花钱搞这些东西，当然会遭到很多人的反对，反对的人说哈森菲尔德发了疯，花那么多钱去研究科学技术根本没有必要。

但在敢于冒险的哈森菲尔德的带领下，哈斯布罗公司经过十年时间的经营，不但起死回生，而且业务迅速发展，现已成为跨国大企业，并成为美国玩具行业成长最快的公司。哈斯布罗公司在1980年的销售额甚至不足1亿美元，到20世纪90年代中期已超过了30亿美元。它现在生产的玩具包罗万象，既有传统的"美国大兵"品种，亦有超速自动玩具车、宇航船；既有儿童喜欢的小玩意，也有成人爱玩的复杂的、高智力的玩具。

可以说，想要取得成功，都需要一定的冒险精神，任何一个改变现状、向未来探险的想法和行动是脱离不了冒险的。没有冒险精神，那你就只能在一次次错失机遇后唉声叹气了。

冒险是一种高级艺术，它需要特殊而又极为罕见的能力和素质。只有那些具有冒险家能力和素质的人，才有可能在冒险中抓住机遇获得成功。

人生只有几十年，在社会上大显身手的时间可以日计算，只有每个人充分意识到时间的宝贵，才能发挥出一切潜在力量，在有限的生命内，利用一切时机发挥出自身的潜力。有些人总认为等待时机都成熟之后，再做一些什么事情，实际上这是愚蠢的想法。

机遇在任何时候都不会成熟，机遇只能是在冒险中走向成熟，只有你看到机遇，并抓住一切可能的条件果敢行动，让成功才有可能早点到来。

操纵机遇的都是勇者

对于冒险，有人曾经说过这样的话：渴望骑马又怕从马背上摔下来的人，是不可能做成大事的。所以，具有挑战机遇勇气的人，往往是成功者。

现实的确如此，如果成功来得那么顺其自然，成功也就变成了家常便饭，不再受到众多人的关注，所以，要成功，冒险是绝对少不了的经历。

印度尼西亚的中亚银行是印尼最大的民营银行，这家银行的总裁是一位华裔，名叫李文正，正是李文正敢于冒险抓住机遇的精神使他获得了现在这样的财富和地位。

20世纪50年代中期，年轻的李文正还是印尼东爪哇农村的一个不折不扣的乡巴佬。1956年，他抱着碰碰运气的念头，从东爪哇农村来到了大都市雅加达，在一个自行车行找到一份差事。李文正性格豪爽，讲义气，因此交往颇广，结识了不少朋友。

1960年的一天晚上，李文正的一个朋友来拜访他，这个人是基麦克默朗银行的负责人，他请求李文正设法筹集和投资20万美元，并提供一笔额外的营业资金，只有这样才能挽救濒临倒闭的基麦克默朗银行。

但是，当时李文正手头上仅有2000美元的积蓄，而且他也知道基麦克默朗银行的生机十分渺茫，即使解决了现在的困难，以后也随时有倒闭的可能。

如果是一般人，肯定会对来访者表示自己实在是爱莫能助，让对方另想办法。然而，李文正却认为这是创业的重大机遇，决不能轻易放过。他经过一番深思熟虑之后，当机立断，决定接受这一重大挑战。李文正从未受过任何银行业务的培训，也不懂应该怎样去经营银行，但他却想到了一点：要使基麦克默朗银行恢复生机，发展业务，必须使这家银行打进其他家银行根本不会想到的市场中去，否则，在与其他银行的竞争过程中，基麦克默朗银行只能永远处于下风。

李文正想要打入的市场，自然就是他所熟悉的自行车行业。雅加达的自行车行业，业主大多是福建籍人。于是，他通过关系，在雅加达大拉福建籍中最有钱的华人入股，并多方联络，很快就筹集了20万美元的资金。于是，李文正成了这家银行的董事，并且拥有优先认购这家银行20%股份的权利。从这天起，李文正才算是正式踏入了银行界。

起初，李文正这个甚至连资产负债表的左边和右边有什么不同都分不清的"门外汉"在经营当中遇到了非常多的困难。第一天营业结束，员工把资产负债表拿来让他签字时，他连该把自己的名字签在哪都不知道。但他虚心学习，当天就请人为他补习会计业务。通过认真学习，他逐渐从不知到知之较多，再到熟悉全部业务，而且对银行业有了自己独到的看法："银行业就是一个人获得信用之后，再授予其他人的买卖信用，并不是一种买卖货币的事业。"他说，"这就是银行业，别人是在这样做，我们也将这样做。"

由于李文正在自行车行业中享有颇高的信誉，而且交游广阔，再加上李文正的用心经营，基麦克默朗银行在3年内就重获新生，赚取了巨额的利润。

获得初次成功之后，信心十足的李文正决心扩大自己的事业。1963年，他接手了即将倒闭的另一家银行——布安那银行。经过整顿之后，他为布安那银行制定了正确的经营方向——雅加达的纺织及稻米、大豆、玉米等农产品行业。几年之后，布安那银行像基麦克默朗银行一样获得了新生。

自此之后，李文正的事业突飞猛进，迅速扩展。1971年，他担任了泛印银行的执行总裁。1975年，他又接手了现在属于他的产业——中亚银行。中亚银行与泛印银行相比，原不过是一家小银行，资产是后者的三分之一，存整额是后者的百分之一。但他经过10年的苦心经营，中亚银行便成了东南亚最大的银行之一，而且在印尼私人银行中名列第一，而李文正本人也成为亚洲银行界的一个传奇性的人物。

在机遇面前，很多人表现得畏缩不前，主要是因为害怕失败带来的痛苦。李文正说："你应该登上一匹好马，去捕捉另一匹更好的马。"虽说是机遇造就了李文正，但是，如果他没有"骑马"的勇气，也不会有今天的成就。

一个思前想后，犹豫不决，缺乏"骑马"勇气的人，他的结果只能是眼睁睁地看着"马"被别人骑走，想要再次"骑马"的话，只能等待下一匹"马"的到来了。

当机立断，牢牢抓住机遇

大诗人歌德说过："犹豫不决的人永远找不到最好的答案。"因为机遇会在你犹豫的片刻失掉。所以我们必须抛弃掉犹豫不决的习惯，即使是在混乱中，也必须果断地作出选择。

也许，机遇不止一次在你的面前徘徊，而你就是因为那片刻的犹豫失去了它，留下的只能是遗憾。接下来我们不妨先来看这样一个故事：

圣皮埃尔岛发生火山爆发的前一天，在海港上，一艘意大利商船奥萨利纳号正在装货准备运往法国。船长马里奥察觉到了火山爆发的征兆，他决定立刻驶离这里。但是发货人不同意，他们威胁说现在货物只装载了一半，如果马里奥这个时候敢离开港口，他们就去法院控告他，他一定会因为这个而损失大笔的违约金。

但是，马里奥船长的态度极其坚决。虽然发货人一再向船长保证圣皮埃尔山并没有爆发的危险，船长还是坚定地回答道："我对于圣皮埃尔火山一无所知，但维苏威火山要是像这个火山今天早上的样子，我一定会离开那不勒斯，决不在那里多逗留 1 秒钟。所以，我现在必须离开这里，我宁可承担货物只装载了一半的责任，也不继续冒着风险在这儿装货！如果你们因为这个要告我，那你们就去告吧。"

马里奥船长虽然损失了一半的货物，但 24 小时之后，奥萨利纳号安全地航行在公海上，避开了船毁人亡的厄运，并开始向法国前进。而那些准备控告马里奥船长的人全都死在了这次灾难中。

虽然这个故事和成功无关，但是对于成功来说，生命更为宝贵。如果那时候马里奥船长迟疑不决的话，他也一样会被火山埋没，落个船毁人亡的结局。因此，在一些必须作出决定的紧急时刻，你就不能因为条件而犹豫，只需把自己全部的理解力激发出来，在当时情况下作出一个有利的决定。在危难的时刻我们不能迟疑，因为这可能与生命息息相关。在生活中，面对着大大小小的意外事件，我们同样也不能够迟疑，因为就在迟疑的那一瞬间，很多东西就已经错过了。我们再来看这样一个故事：

乔根·裴是哥本哈根大学的一名学生，一次他到美国旅游，先到华盛顿，下榻在威勒饭店，住宿费已经预付。他上衣的口袋里放着到芝加哥的机票，裤袋的皮包里放着护照和现金。当他准备睡觉之时，发现皮包不翼而飞，他立刻告诉旅馆经理。

"我们会尽力寻找。"经理说。

第二天，钱包仍然不见踪影。他身在异乡，手足无措，脑子里闪过一个又一个念头："苦坐在警察局等待消息？"、"到丹麦使馆补办护照？"、"打电话向在芝加哥的朋友求援？"、"让父母帮忙？"等。

突然，他告诉自己："毕竟，我还有很多时间处理其他的问题。我要先看看华盛顿，我可能没有机会再来，今天非常宝贵。如果现在不畅游华盛顿，将来就可能没有机会了。我可以散步，现在是愉快的时刻，我还是我，和昨天丢掉钱包之前没有什么两样。"

于是他开始徒步游览，爬上华盛顿纪念碑，参观白宫和博物馆。虽然还有许多他想看的地方并没能一一看到，但无论走到哪里，他都尽情畅游。

5天之后，他收到了华盛顿警局寄还的皮包和护照。"回到丹麦之后，最令我难忘的就是徒步畅游华盛顿了"，回忆起这次美国之行乔根·裘这样说道，"那令我知道把握现在最重要。"

想法如果没有行动的支撑，就只能是一个想法，不能带来任何有意义的东西；而一个人如果不能及时行动，那么同样不会带来好的结果。

作出一个决定，可能成功，也可能失败，但如果犹豫不决，那结果就只剩下了失败。有的人虽然在能力上出类拔萃，但却因为遇事犹豫不决错失良机而沦为平庸之辈。所以，要努力培养自己在做事时当机立断的习惯，就算会犯错，也比那种犹豫不决的习惯要好。

每个人都想成为一个成功的人。然而，很多人却不知如何去实现，一方面是担心失败，另一方面是想等待一个最好的机遇出现。但是，心目中最好的机遇没等到，反而将现实中最好的机遇给错过了。时间是不会等人的，对于一些事情而言，当机立断并为之付诸行动才能使机遇不与自己失之交臂。

机遇和风险成正比

由贫穷走向富裕需要的是把握机遇，而机遇是平等地铺展在人们面前的一条通道。不敢冒险的人常常会失掉一次又一次发财的机遇。很多人都想变为成功者，但他们不是不知道该怎么做，而是不敢真的那么做。

成功的机遇有多大，风险就有多大。如果想成为百万富翁，那就得多一点冒险精神。有人曾经说过："冒险精神是人类最稀缺的资源。"

世界上没有万无一失的成功，因为世界是变幻莫测、难以捉摸的。所以，要想在波涛汹涌的人生中自由遨游，必须有冒险的勇气不可。甚至有人认为，成功的主要因素便是冒险，它是致富的重要心理条件。

作为补锅匠的儿子，电影界的骄子"华纳四兄弟"是从做小生意起家的，他们之所以成功，很大程度上源于敢于冒险、不怕失败。

华纳四兄弟原本是一个贫穷波兰移民的后代，他们过得非常贫穷，最穷的时候兜里居然不到1块钱。1904年，华纳兄弟合伙买了一台电影放映机，全靠卖一条名叫"零丁丁"的狗的照片，开始与电影结缘。在以后的十几年里，虽然几经失败，大起大落，但他们始终不灰心。华纳兄弟影片公司蜚声全球是在1927年，因为他们成功地摄制了《爵士歌手》，这是电影史上的第一部有声电影。

现在华纳已经是与福克斯、米高梅以及派拉蒙并称的好莱坞四大电影公司之一，他们投资拍摄的《黑客帝国》系列、《哈利·波特》系列等电影在世界范围内都产生巨大的影响力。

商场中有很多法则，最为重要的一条就是：风险越大，赚钱越多。特别是对于尚未涉足的市场领域，作为一个"开拓者"就可能要冒风险，而一旦成功，回报也是相当的可观。

保罗·盖蒂是20世纪上半叶石油界的亿万富翁，是一位走运的人。但是在创业初期，他走的却是一条曲折的路。上学的时候，保罗·盖蒂认为自己应该当一名作家，后来又决定要从事外交工作。可是，毕业后，他被石油业吸引了，这是当时俄克拉何马州发展最为迅猛的行业，而且他的父亲就是靠石油发家致富的。虽然石油业并不是他上学时的主攻方向，但是他敏锐地感知到，石油将成为未来100年甚至更长时间世界上最主要的工业原料之一。因此，他决定把自己的外交生涯延缓一年。因为，他想试试自己的运气。

盖蒂通过在油田打工赚了一些钱，再加上从父亲那里借来的一部分资金，他走上了自主创业之路。但是，伴随着石油行业高利润的是极大的风险，盖蒂头几次冒险都彻底失败了。终于，在1916年，他开发了一口高产油井，这个油井为他打下了幸运的基础。那时他才23岁。

是走运吗？当然，其中肯定包含着运气的成分。然而盖蒂的运气同样是他通过自己的努力争取来的，他所做的每一件事都没有错。那么盖蒂怎么会知道这口井会产油呢？他当然不可能确切地知道，尽管他已经收集了他所能得到的所有信息。但是，这就是冒险，一旦成功了，随之而来的则是巨大的利润。"总是存在着一种机遇的成分的，"盖蒂在谈到自己的创业历程时说，"你必须乐意接受这种成分，如果你一定需要一个肯定的回答才肯做的话，那你就会捆住自己的手脚。"

风险越大，机遇的成功指数也就越高，有的人怕承担风险，而任凭机遇与自己擦肩而过；有的人则捕捉住了机遇，投机遇所好，从而获得成功。在这个充满机遇的年代，风险与机遇总是并存的，风险越大，机遇带来的价值就越大。

法国作家基德曾说："若不先离开海岸，是永远不可能发现新大陆的。"风险与机遇如同一个硬币的正反两面，你如果害怕风险，那么就会失去机遇；只有敢于承担风险的人，才有可能将硬币抓在手中。

向上走，才能壮大自己

在整个人生中，有时冒险是发展和壮大自己的必要手段。"不敢冒险就是损失，"《冒险》的作者维斯戈说，"最后将毁掉你的生活。你无法学习到你是什么样的人，无法测试你的潜能，无法追求理想。你会变得好逸恶劳，经验越来越少，你的世界缩小了，它也变得顽固了。受害者就是你自己。"

很多人都害怕失败，因此拒绝冒险，但是，在这个世界上，谁都难免犯错误，即使是四条腿的大象，也有摔跤的时候。

正如一位哲人所说："一个人要不犯错误，除非他什么事也不做，而这恰好是他最基本的错误。"

谭仲英是美国钢铁业巨头，也是善于将陷入困境中的企业带出泥潭的高手。他的每一次成功在别人看来都是冒着巨大的风险走钢丝得来的，但在他自己的眼里，那些所谓的风险都是让自己发展壮大的机遇。有人把谭仲英的这种经营方法称为"冒险的赌博"，而谭仲英的看法却与众不同。他认为在企业的经营活动中，每个企业都会遇到各种风险。但企业愿意接受多大的风险，却因企业而异，因人而异。

1954 年，谭仲英从学校毕业之后就来到了风城芝加哥。在那里，他的第一份工作是在一家钢铁公司当推销员。连他自己都没有想到的是，这份推销员的工作让他从此和钢铁工业结下了不解之缘。10年的推销员生涯使谭仲英得到了锻炼。他不仅仅对美国社会有了更加透彻的理解，更重要的是，他已经摸透了美国钢铁业的发展情况和未来趋势。

1964年，谭仲英在积蓄了足够的经验后决定独立创业，当年他就建立起了自己的钢铁公司。此后的20年中，谭仲英接二连三地买下了许多将要破产的钢铁公司，使他的企业版图迅速扩大。到了1981年，在这短短的不到20年的时间里，谭仲英在美国的大小企业竟已经发展到了20多家，其中大部分是钢铁企业。

20世纪80年代，全球范围内爆发了严重的经济危机，美国的钢铁业出现了严重的衰退。1982年的钢产量比1981年减少40％以上。美国七大钢铁公司的亏损总额在1982年的前9个月达到了惊人的12亿美元，到1983年年初上升至16亿美元。世界排名第七的美国早恒钢铁公司仅仅因为1982年亏损了1年，就不得不于当年年底宣布永久性关闭两个分厂，致使近万名工人失业。麦克罗斯钢铁厂在美国的钢铁企业中名列第11位，在这次经济危机爆发的头3个月亏损额就达到了1亿美元，尽管该厂竭尽全力，仍然无法躲过这场毁灭性的灾难，只好宣布倒闭。就在这时，谭仲英突然宣布他将买下这家钢铁厂。

许多美国人对这个神秘的中国人的举动觉得难以理解。一般人看来，在这种经济不景气的时候买下这家已经病入膏肓的企业纯粹是在给自己增加负担，他这是在自寻死路。

谭仲英当然不这么看，他有他自己的办法。当谭仲英每次买入一家破产的企业之后，他就会立刻像医生对待病人那样，马上安排自己的专家团队对这家企业会诊，找出这家企业亏损的症结所在，然后对症下药，使该企业在业务、经营上化险为夷，并最终实现扭亏为盈。等到企业起死回生，一切走入正轨之后，他就会立即以高价出售这家企业，赚取差价中的巨额利润。事实上，谭仲英就是美国钢铁业界的医生，他时刻都在寻找自己的"病人"，每个"病人"都是他发展壮大的机遇。

每个人的一生都充满了变数，很多风险是无法回避的。出生是我们人生的第一次冒险。随着我们一天天长大，各种选择接踵而至，而有选择就会有风险。

看看生活，考大学要冒落榜的风险，务农要冒各种自然灾害的风险，经商要冒亏本的风险……可是我们没有办法，必须选择，也就是说，要生活就必须去冒险，因此，要做的不是回避风险，而是勇敢地面对风险。

没有不冒险的成功，为了发展壮大，少不了冒险。善于冒险的人，总是能够在冒险之后获得发展壮大的机会，这就是成功。

机遇只为有勇气的人而存在

对于人生来说，多一次机遇，成功的可能性就更大一些。每一次机遇的来临，时刻投入为之奋斗的努力之中，这样，机遇才能垂青你。

争取机遇必须要有敢于接受各方面挑战的大无畏勇气和不怕失败、百折不挠的精神。只要敢于向机遇敞开大门，勇敢地去接受它，机遇才会对自己有"兴趣"。

机遇不全部是温顺地出现，某些机遇在出现时，宛如巨石挡道、大山阻川，好像无法把握。其实，这正是考验勇气的时候，当你拿出勇气，其实大门并没有完全关死，只要仔细观察，有胆量去试一下就能轻易将其打开，它就会对你露出笑脸。相反，当你逃避时，它只会替你感到惋惜。生活中，很多人都是因为缺乏勇气，最终与机遇擦肩而过，吴晋鹏就是其中之一。

吴晋鹏有个毛病，他总是会轻信他人的话，尽管身边的人一再提醒他："千万不能轻信任何人！现在大街上到处都是骗子！"直到有一次，他被一个骗子用假金像骗走了 3000 元钱才醒悟过来，他立志从此再也不上别人的当了，结果，他变成了一个多疑的人。

吴晋鹏虽然身材健美且多才多艺，然而没有找到理想的工作，他必须每天奔跑于大街小巷，为寻找一份较满意的工作而忙碌。

这天，一位中年女画家找到吴晋鹏，说："你的体形很不错，我现在正在招聘业余模特，你可以来试一试，薪水很高，年薪 20 万元，平时你尽可以从事你的正式工作。小伙子，怎么样？"

要知道，这位女画家开出的价钱，如果他懂得理财的话，过不了几年他就可以成为一个百万富翁！吴晋鹏先是惊喜，紧接着便心生疑窦："天下哪有这种凭空掉馅饼的事儿？哼！骗局！骗局！"多疑的吴晋鹏朝女画家冷冷地看了一眼，走了。第一次，吴晋鹏失去了净赚 20 万元的机遇。

过了几天，吴晋鹏去一家他从未听说过的外资公司应聘。公司驻中国的负责人看中了他一口流利的美式英语，便对他说："您被录用了，就做我的助手兼翻译，月薪 3 万元。今晚有一个重要宴会，需要您出面翻译，这是这次宴会与会者的资料，请您现在就开始工作。"

"我不回家了吗？"吴晋鹏担心家里无人照看。"家就不用去管它了，你抓紧时间看资料吧，我们的时间很紧，一会儿就出发。"负责人说完，忙别的事去了。

"不让我回家，莫非这是一家骗子公司？"多疑的吴晋鹏心里又不踏实了，他又开始担心这是一个骗局："3 万元的月薪，怎么可能这么高？他们是不是想用谎言留住我，然后派人把我家偷个一干二净？哼！一定是个阴谋！"

吴晋鹏走了，不辞而别。回到家，看到家里一切完好无损，他高兴地笑了，还一边庆幸："天哪，幸亏我警惕性高，要不然……"然而，他哪里知道，一次好机会又让他给错过了。

机遇通常青睐有勇气的人。如果一个人做什么事都疑心重重，没有勇气去实施，他最终是注定失败的。一个人不相信另一个人，两人不会成为朋友；一个人不相信社会，那么他的成功就来自于闭门造车。所以，人生路上，可以多一些挫折，可以多一些欺骗，一马平川的人生，无疑是"踏步走"的人生。

不鲁莽的冒险才精明

不敢冒险的人既无骡子又无马，过分冒险的人则既丢骡子又丢马。"大胆地冒险"并不是盲目蛮干，而是以谨慎周密的判断为基础，比他人抢先得到获取利益的机遇。

成功需要冒险。只有冒险地做一些事情，才能改变现状，才能带来新的更多更好的成功。但是有些人将目标定得太高或行动不够实际，结果呢，最后掉了下来。

冒险，本属我们生活的一部分，不应花费太多的时间去逃避。过度地畏惧冒险，就会造成自信心的缺乏。同时，一味愚昧的冒险或极端的冒险，同样也是"自取灭亡"。所以，一个人要成功，就需要理智的冒险。

理智的冒险，就像拟定目标一样，必须合理可行。哥白尼敢提出"地动学说"，是以雄厚的天文知识作为基础的；麦哲伦之所以环球旅行航行，是以"地圆学说"以及罗盘应用于航海做后盾的。要冒险，就要把"识"和"胆"结合起来，做到"勇者不惧，智者不惑"，才能成为真正的"冒险家"。

孙正义是一个有名的亿万富翁，他的职业是风险投资人，这个行当的名字就叫作风险投资，在这一行中，他的耐心和他的大胆一样出名。翻开孙正义的创业史你就会发现，他的一些成功的投资经历都有一个共同的特点，就是在别人还没有意识到价值的时候大胆投入，然后和创业者一起坚持到成功。

用敢于冒险来形容孙正义是不恰当的，因为他可不仅仅是"敢于"这么简单，他简直就是胆大包天！为此，世界首富比尔·盖茨曾经题赠给孙正义一句话："您和我一样都是冒险家。"1995 年 11 月，软银公司向雅虎投入了 200 万美元。半年后，软银公司又向雅虎注资了 1 亿美元，拥有了雅虎 33% 的股份。大多数人都认为孙正义疯了，因为那个时候，互联网才刚刚起步，对于像雅虎这样一个新兴的小公司，从事的又是虚无缥缈的互联网行业，哪怕投资 100 万美元都是具有相当风险性的行为。但是，孙正义毫不理会外界的担心，而是坚持自己的冒险行动，即使在 2002 年网络泡沫破灭的时候，他仍然坚持继续投资互联网。结果呢？从现在雅虎公司的规模你就可以知道，孙正义的投资大获成功。谈到孙正义对雅虎的投资，雅虎的"掌门人"杨致远却说："我可不认为他是碰运气，他看到的是 15 年甚至 20 年后的事情，他清楚雅虎发展的前景，他对自己的投资心中有数。"

孙正义的冒险不是盲目的冲动，而是三思之后的举动。一旦认定了有发展前景，他便义无反顾。这样的冒险是理智的，也是与成功靠得最近的。有人说，冒险与成功是邻居，他们常常结伴而行，要想获得成功就要学会冒险。的确如此。看看周围就知道，许多成功人士不一定比你"会"干，但重要的是他们比你"敢"干！只是这种敢于冒险必须建立在理性分析的基础上。无独有偶，动物探险家德威也是这样一个人。

2000 年，一直热衷于动物探险的德威忽然对熊产生了狂热的兴趣。从那时起，每逢夏天，德威都会"逃离"他居住的南加州马里布市，前往阿拉斯加和灰熊一起生活。在阿拉斯加，他努力接近灰熊，小心翼翼地为这种生活在森林中的猛兽拍下照片，当灰熊外出觅食鲑鱼时，他便深入兽穴探寻灰熊生活的秘密，完全没有看到，一旦灰熊突然返回，自己将会遭遇多大的危险。

"说实话，德威变化太多了，我们甚至都认不出他了，他已成了十足的野人。"德威的朋友总是这样评价假期结束回家时的德威。

德威在当地很有名，因为很多人都梦想着像他一样，但理智告诉他们，那很危险，简直就是在拿自己的生命开玩笑。2001年2月，南加州电视台在深夜访谈节目中问他是否担心死于熊爪之下，而德威却不以为然地说："我并不认为与熊共同生活会比穿过纽约中央公园更危险。"

2003年8月6日，阿拉斯加卡特麦国家公园的野生动物保护区传出了一则令所有南加州人震惊不已的消息："46岁的冒险家德威与女友修格纳两人被熊攻击死亡。"在德威的录像机中，当地警察局找到了一个3分钟的音像带，虽然没有录像，但可以听到他奋力和大灰熊搏斗的声音。

阿拉斯加卡特麦国家公园的野生动物保护区有关工作人员说："我们早就认识德威，并且早就告诫过他要遵守公园的规定，例如必须与野熊保持安全距离不侵扰野生动物，不干预自然过程等，但他就是不听，结果他还是死在了他挚爱的灰熊手里，这真令人感到遗憾。"

"冒险必须遵守冒险规则，但德威对公园的规定，无一遵守、视若无睹。可以说，是他为追求自己的爱好而过于鲁莽的行为，导致了这样的惨案。"数年前造访过该公园、见过德威与野熊交往的生态学家密斯特这样说道。

冒险，不要问自己能够赢多少，而应该问自己输得起多少。一点儿把握都没有就盲目地去冒险，那你的胆量越大，赌注下得越多，损失也就越大，离成功就越来越远。

对于冒险的人来说，避免常识性的风险，是人生应遵守的最基本的原则。冒险务必要适度，就像拟定目标一样，必须合理可行。一个人的行动盲目而缺乏理性，是不会给自己带来丝毫帮助的。

第五章
机遇咬钩了，请拉竿

> 发现机遇是眼睛的事情，能不能好好地接住，则靠心灵的把握能力，这就需要果断的性格和冒险精神。不可否认，机遇并不是人手一个，需要你在机遇到来的时候，第一时间接到。错过之后，成功是别人的，自己则需要再等待下一个机遇的到来。

见缝插针的"机会主义者"

"机会主义者"是历史遗留下来的词汇，代表人物是德国的拉萨尔，翻开中国的近代历史，这个名词至今让世人难忘。现在来理解，它就是成功者的"雏形"。

倘若抛开"机会主义者"一词的政治含义不谈，单从其字面意义来理解的话，它在当今日新月异向前发展的社会变革中，还是有一定现实意义的。

要成功就要做一个机会主义者，看见机会，就要穷追猛打、追着不放，这才是成功者的真谛。机会少得可怜，不会一抓一大把，所以见着一个，肯定要拼命地追逐。为了能让自己生活得更好，成功概率更高，我们确实要成为一个"机会主义者"才行。

虽然我们有用不尽的体力，但只有善于发现机遇，善于把握机遇，我们才能开始"追逐"机遇的游戏，不断实现自己的人生理想和目标，成为自己想成为的人，做成自己想成就的事业。

有人说，机遇是无处不在的，就看你是否有能力去发现它、适应它、创造它和实现它。其实，机遇藏在角落中，有的人总是抱怨别人的机遇比自己好，其实是你没有"看透"角落的那种能力。更多时候，并非别人的机遇一定比你好，而是他人的努力比你多，努力多的人自然就增加了获得机遇的概率了。

机遇总是对努力的人情有独钟，就像收废品的，如果只是隔三岔五地出来收，那么谁也不敢保证，你来了就一定有你想要的东西，只有坚持不断地上街吆喝，才能收到东西。

能否发现机遇，主要在于自己的眼光和思维，机遇不是一成不变的，它会以各种各样的形式出现，这时候就需要你用自己的慧眼来识别它。

第二次世界大战后，由战争带来的创伤正在慢慢恢复。各个国家都在大兴土木，建筑业发展迅速。美国也不例外，在美国芝加哥市，一时间急需大批砖瓦工。许多求职无门的中青年人，虽无这方面的技能，面对这样的"明摆着"的机会，自然都不肯轻易放过，纷纷前去应聘，而建筑公司由于招不到足够的砖瓦工，无奈之下也就只能对这些门外汉进行一些培训之后让他们上岗工作。

这一天，有一个来自明尼阿波利斯的名叫迈克的年轻人，在芝加哥街头看到比比皆是的招聘砖瓦工的广告，他敏锐地看出了其中的"潜在机会"：既然需要这么多的砖瓦工，那就需要有人来负责砖瓦工的技术培训。于是一个生财之道很快便在他的头脑里酝酿成熟。他以微薄的投资，租了一间房子，请来一位砖瓦工师傅，买来1500块砖和一堆沙石，办起了砖瓦工培训班。经过一番宣传，报名者蜂拥而至。他在10天内就获利3000美元。这个叫迈克的年轻人没去做砖瓦工，但却在10天时间里赚到了等于做砖瓦工200天的收入。

相信许多人一定会为他们的"好机会"羡慕不已。其实，这种机会都是由于他们的辛勤努力和细心观察才出现的。如果他们不去努力工作和仔细观察，机会也会从他们眼皮底下溜走的。或许这样来说更明了：挖井挖到一颗钻石，本来你只是想要喝点水，但是有了这颗钻石，你马上就能搬到装有自来水设备的别墅中静静享受，喝水和别墅都是成功，这样的阴差阳错的事情是你求之不得的机遇。

虽然有些机遇是"显而易见"的，是"明摆着"的。这样的机遇，能及时发现它的人不少，竞争必然激烈。所以，隐藏的机遇，往往是最可贵的。

果断，将机遇一网打尽

机遇稍纵即逝，任何犹豫都与它无缘，这一点虽然人人都在说，但是真正到时候不犹豫的人却很少。

是什么阻碍了一些人追寻机遇的脚步呢？究其原因，不外乎以下三点：

第五章
机遇咬钩了，请拉竿

第一，害怕被骗，在大街上有一个陌生老者告诉你，只要给他买瓶水就告诉你绝世武功的可信度确实不大。

第二，别人不傻不呆都不相信，而自己相信就是傻子，这样的心理人人有之，所以，成功者往往一个一个，而失败者和平庸者往往一群一群。

第三，难道我是幸运儿？遇到机遇，这是人的第一心理，现实的社会把每个人都变成了"现实主义者"。如果你告诉他，别因为这点事情迟到了扣工资，他会相信你的话，因为这是现实存在的问题，老板无时不刻不再想着少发点钱。若是你告诉他，这是一个机遇，他可能就不会相信你，甚至还会这样回答你：难道你老人家是救苦救难的观世音菩萨？

机遇并不是随便赐给每个人的，它只垂青那些深谙如何追求它的人，只赐给那些果断出击的人。

有的机遇可能一下就能改变一个人一生的境遇；有的机遇则可能只带来一事一时的某些小的利益。人一生的遭遇，往往决定于人生道路上关键的几步是走对了还是走错了。

这实际上是说，就看你在一生中的几次重要的机遇到来时，是敏锐果断地及时抓住和利用了它们，还是让它们悄悄地溜走了，或眼睁睁地看着它们擦肩而过。戴尔公司的成长和发展，就与其创始人迈克·戴尔的果断有着直接的关系，甚至可以说是他的果断成就了今天的戴尔。

迈克·戴尔，戴尔电脑公司的董事长，他是《财富》杂志列出来的500家大公司首脑当中最年轻的一位，他还是美国排名第四的世界电脑生产商。

美国的孩子很独立，当他们长到18岁的时候，就不能从父母那里拿到哪怕一分钱的生活费了。戴尔在大学读书时，像很多学生一样，向往着独立，他要用自己的双手去赚钱，去养活自己，并且支付学费。在戴尔上大学的时候，大学里的每个学生都在谈论个人电脑，所有人都希望拥有一台属于自己的电脑，但因为电脑售价太高，许多学生只能是望而却步，适合多数人使用的电脑应该是售价低廉的，但市场上没有。戴尔耳濡目染，就开始思考这个问题，他想："经销商经营的成本并不高，而其中的利润都被这些经销商赚取了，为什么要让他们去赚那个钱，难道不能由制造商直接卖给用户吗？"

后来，戴尔了解到，IBM 公司规定那些经销商每月必须提取一定数额的个人电脑，但是对于大多数经销商而言，这批货是无法全部卖掉的。戴尔知道，如果存货积压太多，对于经销商是很不利的。于是，他又有了新的行动，按成本价购得经销商的存货，然后在宿舍里加装配件，改进性能，让这些电脑更适合普通人使用。

戴尔的廉价电脑一出，果然大受欢迎，没到一个星期，他手里的存货就销售一空。见到市场的需求如此巨大，戴尔开始在报纸上刊登广告，以零售价的八五折推出他那些改装过的电脑。过了不久，不仅仅是个人，许多商业机构、医生诊所和律师事务所都开始买戴尔的廉价电脑。

虽然赚了不少钱，但是戴尔毕竟还是一个学生，在卖电脑的过程中，他的功课已经落下了很多。有一次戴尔放假回家时，他的父母对他的学习成绩表示了担忧。"你可以创业，我们也支持你创业。但知识对一个人来说同样很重要，你还是等拿到了学位之后再做你那些买卖吧!"父亲劝他说。虽然戴尔满口答应了，但他一回到奥斯汀，就把父亲的话全忘到脑后了，加之他也舍不得放弃这种机会。要知道，电脑行业每天都在发展，一旦自己放下手中的事业，肯定就要被市场所淘汰了。于是，一个月后，他又开始销售电脑，并且坦白地告诉父母："我决定退学，自己开办公司。""你的目标是什么？"父亲问道。"和 IBM 公司竞争。"戴尔斩钉截铁地答道。

和全球最大的电脑公司 IBM 展开竞争？他的父母大吃一惊，觉得他太好高骛远了。但无论他们怎样劝说，戴尔还是坚持己见。没有办法，他的父母只好与他达成协议：他可以在暑假时试办一家电脑公司，但若到了 9 月份还没有成功，就得回学校去专心读书。

当时才 19 岁的戴尔回到奥斯汀后，拿出全部储蓄创办了戴尔电脑公司。他还雇佣了一名员工，那是一个 28 岁的职业经理人，负责帮他处理财务和行政方面的工作。他还在空盒子底上画了戴尔电脑公司的广告草图，然后交给经理人，让经理人负责找人帮他重绘，然后拿到报馆去刊登做广告。

戴尔公司的业务仍然是销售戴尔亲手改装的 IBM 电脑。令人吃惊的是，第一个月，戴尔公司的营业额便达到 18 万美元，第二个月，26.5 万美元，不到一年，他每个月的销售量就超过了 1000 台。而他的父母，当然也不再提让戴尔回去上学的事了。

按客户的要求装配电脑、提供退货还钱以及对失灵电脑"保证次日登门修理"的服务举措，为戴尔公司赢得了广阔的市场。慢慢地，戴尔渐渐停止了出售改装电脑的业务，转为设计、生产和销售自己的电脑。后来，戴尔电脑公司在全球 16 个国

第五章
机遇咬钩了，请拉竿

家设有附属公司，每年收入超过 20 亿美元。

机不可失，在进退之间，不能把握时机者，必将一事无成，悔恨终生。这是一个现实的问题，不在机遇到来的时候成功，就在别人成功的时候嫉妒，有时候嫉妒者也是精明的，很多人不知道别人拿着你的机遇成功了。

要想做到伺机而动，必须善择良机。这就需要像戴尔一样具有果断决策、大胆出击的勇气。

行动需要决策，任何决策都有风险。但在一般情况下，若是有七分把握，三分风险，那就应该当机立断。沙漠中的黄金每个人都会去捡，但是大多数只是沙子而已，可贵的是藏在仙人掌中的钻石，只有那些果断采取行动的人，敢于冒着被刺伤危险的人，才能够获得。

一些身份、地位、智力、才能等基本条件相同或相似的人，由于存在着在一些关键时刻是否能及时抓住和利用机遇的差别，最后导致有的人功成名就，有的人则潦倒一生。后者不仅不具备果断精神，事情过后还埋怨自己生不逢时、时运不济，并以此心安理得地推卸，最后也会义无反顾地原谅了自己一再坐失良机。成功者收获成功，失败者收获各种各样的借口。

一个人一生的机遇有许多，也许抓住了，就能获得成功。但是，人生的成功也不是这一次成功就够了，所以，要珍惜每一次机遇。努力争取，不管成功与否，你的人生才会取得一次又一次的成功，才会无怨无悔。

有句俗语受到很多人的肯定，"前途光明，道路坎坷"。其实，机遇与成功之间也可以套用这样的模式。因为一旦机遇来了，虽然带来了成功的希望，也带来一路坎坷、一路艰辛。

此时的你，还敢踏上征途吗？这时的机遇，就像个带刺的栗子，外面包裹着层层障碍，里面却藏着甜美的果仁，你有勇气抓住它吗？此时你若稍一犹豫，机遇就会悄悄离去，成功也会随之远去。

所以，大胆地把握住每一个机遇！果断地迈出步伐，这样你的人生才不会后悔。

可贵的"第一时间"

人生中，机遇往往存在"第一时间"的问题，好像一家超市举行促销，老头和老太太总是最先得到实惠，为什么？他们总是能够在早晨八点半到九点之间，按时到各大超市排队等候，等候实惠，而年轻人呢，往往不太关注这种信息，即使知道了，谁也不可能冒着迟到的危险买便宜两毛钱的白菜。第一时间总是被老头和老太太抢占了。

机遇是什么？超市举行促销。

第一时间是什么？收到促销海报之后，认真查看然后到超市排队。

在广袤的非洲大草原上，这样的故事每天都在上演。

一天早晨，太阳刚刚跃出地平线，一只羚羊从睡梦中猛然惊醒，它的第一反应是："赶紧跑，如果慢了，就会被狮子吃掉！"于是，它立马起身，朝着远方飞奔起来。可就在羚羊醒来的同时，狮子也醒了，它马上想道："赶紧跑，如果慢了，就抓不到猎物了，如果抓不到，自己就会被饿死！"于是，它也起身就跑，也向着太阳奔去。

不光如此，谁快谁就赢，谁快谁生存。看看狮子和羚羊的较量，两个对立的动物，为了自己能见到明天的太阳，都在不断奔跑，因为它们明白，如果不去奔跑，不去努力，自己将会彻底地失败，将会彻底地被这个物竞天择的世界吞没。而相对于它们，身为高等动物的人类，也应该如此。

很多人都知道电话是贝尔研制出来的，可实际上电话绝非他的专利，只不过那个叫作格雷的发明者比贝尔晚申请专利两个小时罢了。可就是这两个小时，却让他们的命运截然不同，一个功成名就，一个默默无闻。

贝尔在研制电话时，另一个叫格雷的人也在研究，他们也都明白，谁先研制成功，谁就能从中赚取巨额的利润。在研究的过程中，两人的进度差不多，几乎是同时取得了决定性的突破。但众所周知，发明电话的是贝尔，因为他赢在了专利局——他申请专利比格雷早了两个小时。贝尔就因为这120分钟而一举成名，誉满天下，无论何时，人类都不可能忘记他的贡献。而格雷，绝大多数人都不知道他就是发明电话的"亚军"。

也许机遇来临的关键时刻，一秒值万金，有时候，甚至是无价的生命。第一时间的可贵就在于此。

我们也从这则故事中总结出了如何把机遇转化为成功的第一条原则，即第一时间行动，抢占先机。所以，一旦认识到机遇，就要迅速行动起来，不可坐失良机。

机遇喜欢的性格：积极

机遇可以是你手中的一把金钥匙，帮助你去开启一扇成功的大门。抓住机遇积极行动，这才是制胜的根本。如果只是抓着满手的机遇，不去行动，那么成功也会离你越来越远。真正的成功者绝不仅仅是等待机遇，而是能冲破人生难关寻找并把握机遇，征服机遇，及时行动抓住机遇，让机遇成为服务于他的"奴仆"。

机遇时常会出现在我们面前，我们完全可以把握住，将它变为有利的条件，但前提是你必须积极行动起来，看好了，这里是积极行动，因为行动的人很多，所以你要积极。

在这个世界上，生存本身就意味着上苍赋予了你进取的特权，你要利用这个机遇，充分施展才华去追求成功，那么这个机遇所能给予你的东西要远远超越它本身。

事实上只有懒惰的人才会抱怨自己没有机遇，抱怨没有时间；而勤劳的人永远在孜孜不倦地工作着、努力着。只要你肯行动起来，永远都会有伟大的事业等待你去开创。

只有把握机遇积极行动使自己成功，才是人生真的英雄。

世界首富、IT 业的传奇、大名鼎鼎的微软公司的创始人比尔·盖茨认为："我在'感觉自己应该创业了'时，便把握时机毅然退学去创业，这就是我后来成为世界首富所迈出的最为关键的一步。"

1973 年，比尔·盖茨和英国青年科莱特同在美国哈佛大学学习。二年级时，比尔·盖茨约同在计算机系学习的科莱特一道退学去从事电脑软件开发，科莱特认为这是一个极不合时宜的荒唐想法，断然表示拒绝。于是，比尔·盖茨找到了自己儿时的好友，后来成为微软公司"二当家"，同比尔·盖茨一起名列福布斯榜前五的保罗·艾伦。

10 年后的 1983 年，科莱特成了计算机系的博士生，在一家软件公司任职。而退学开办软件公司的比尔·盖茨这时已登上了美国《福布斯》杂志的亿万富翁排行榜。

要知道，科莱特如果当初跟比尔·盖茨一道创业的话，他现在已经是大老板而绝不仅仅是软件公司的一名工程师了。

对此，比尔·盖茨在一次接受《财富》杂志的采访时曾说道："我只是感觉自己应该创业了，当然那个时候有些盲目，我对自己的创业成功没有把握。但我感觉我的做法是正确的——那就是，该创业的时候不能因为自己的某一点条件没有具备就要等待。事实上，要等到哈佛大学毕业后再创业，那么现在世界首富肯定不是我，我敢肯定。"比尔·盖茨靠着积极的行动和努力创立了今天的微软，他是一名成功者。但世界上的成功者也不只出现在 IT 行业，三百六十行，行行出状元，罗乃康也是依靠着自己的创意和坚持把"罗氏胶"推向了世界。

我国青年工人罗乃康发明的"罗氏胶"，好不容易送到了保加利亚参加世界青年发明家国际博览会，对于罗乃康来说，这是一个借着自己的发明一飞冲天的大好机会。

可是，展览会开幕后的一连好几天都没能引起观众的注意，罗乃康很是郁闷。眼看展览会很快就要结束，罗乃康不甘心就这样将打入国际市场的大好机会轻易放过，他想出了一个吸引观众注意力的巧妙办法：当时，李连杰主演的电影《少林寺》正在世界各地上演，里面精彩的中国功夫让无数西方人看得目瞪口呆，罗乃康恰好学过武术，于是他就在展览台前拳打脚踢地表演起武术来。

罗乃康的"耍宝"迅速吸引了人们的眼球，四周围观的人越来越多。当人们观看的兴趣越来越浓时，罗乃康便停下来对大家说道："请允许我向各位女士、先生介绍一下我的发明。"这时人们都聚精会神地专心聆听他的关于"罗氏胶"的介绍，观看他使用"罗氏胶"的操作表演。观众既佩服他的武术精湛，也赞扬他的"罗氏胶"质量优异。

在这次武术表演以后，到他那个展台前来观看的观众络绎不绝，弄得他连中午吃饭的时间都没有，甚至连闭馆后都得花上几个小时接待来访者和洽谈业务者。从此，"罗氏胶"打入了国际市场，走向了世界，罗乃康当然也因为自己的发明专利赚了一大笔钱。

著名的科学家居里夫人说过："弱者等待时机，强者创造时机。"罗乃康正是这样一个善于抓住时机积极行动的强者。

一个从网上购物、继而试着卖掉家中半瓶化妆品的女孩子，从购物、卖物的经历中，突然想到网上的商家肯定需要各种小商品包装，于是开辟了针对网络商家要用的纸盒、衬垫、胶带等小商品包装生意，找到了为商家服务的商机，就是典型的一例。事情不大，她想到了，并积极地采取了行动，商机当然就是她的。

《赢在中国》有这样一句经典话语：努力不一定成功，但放弃就一定会失败！人生中的成功是很让人欣喜的，因为这是每个人努力为之奋斗的梦想。但成功者毕竟是极少数的，而绝大多数人宁愿享受平凡，不愿意去努力，向生活妥协，并不去想怎么改变，就算发现了机遇，也是宁愿擦肩而过，而不愿意去抓住它，去利用它实现自己的价值。面对机会的时候，更愿意选择等待，但世界上哪有坐享其成的事情，这些只是平庸者的一厢情愿！

假如你不去努力，不采取行动，怎么会有成功，没有经历过风雨，哪里会有灿烂的彩虹，当机会来临时，你只会眼睁睁地看着它渐行渐远，因为你没有为机遇的出现做好准备，只有不懈地努力过了，才会在机遇出现的时候，伸手把它握住，然后去获得成功！

理想的机遇并不存在，梦想中的成功只是一个美丽的借口。通常来说，理想的机遇就是从现在开始，一步一个脚印地走下去，直至追求到成功。想要抓住机遇获得成功，那么，现在就开始行动，从这一刻起。

积极行动，对机遇很是关键。既然害怕落后，那么就要想办法争先吧，这是争夺机遇的过程，更是成功的晋级赛，这种比赛可没有"复活"或者"待定"这个环节。错过就是错过。

随机应变，激发机遇的能量

随机应变能够激发机遇的能量，这个问题是毋庸置疑的，同样捡到 100 块钱，有的人跑到地摊上吃了顿火锅，有的人买套衣服穿……怎样应用机遇是自己的问题，想要把这个东西发挥到最好，却是非常关键的问题，找到一个点，让机遇发挥到最好。

在当今社会经济和科学技术发展日益迅猛，生活节奏日益加快的时代，我们不仅要善于见机行事、灵活机智地把握时机，还需要具备较强的随机应变的能力。

这时候既包括"不误时机，要大干快上"，也包括"情况有变，要掉头转向"，还包括"见势不妙，要及时退却"等多种多样的情况。培养随机应变能力，首先是培养大脑的快速反应能力。

台湾一家报纸的一位记者在随机应变上曾有过出色的表现。有一次他奉命到北京采访著名画家李可染。等他到了北京准备登门拜访时，李家人告诉他，李可染老人已经去世了。

这一消息当时尚未公布，于是李家人叮嘱他，不要泄露这件事。作为记者的职业道德让他对这件事守口如瓶，没把这则消息拿去换稿费，但是，善于随机应变的记者懂得其他的生财之道。他放下电话之后，他立即赶往北京寄售著名书画家作品的荣宝斋。刚进去，他就看到了李可染的作品，他是非常喜欢李可染的作品的，一时间惊喜万分。这里有很多李可染的作品，甚至包括他的绝笔书画，都依然按照原来的标价挂在那里。他当机立断，电告台湾的家属立即将家中的全部存款电汇到北京。钱一到，他买下了荣宝斋内悬挂的李可染的全部作品。

一个月后，著名画家李可染去世的消息被公之于世，当人们纷纷想要购买李老的作品以留作纪念时，却发现早已无处可买了。购到李老作品的这位善于随机应变地抓住机会的台湾记者，转眼之间便成了巨富。

与上面谈到的这位台湾记者相反，美国《纽约时报》的一名叫泰勒的记者则谈到过他的一次不善于随机应变的沉痛教训。

有一次，泰勒被报社安排去采访一个著名演员的首场演出，可当他赶到现场的时候，才发现这场演出临时取消了，乐得轻松的泰勒没问什么缘由便回家睡觉去了。泰勒睡到半夜的时候，报社的值班总编就给他打来电话，然后怒气冲冲地责备他："你还在睡大觉！你知道为什么这场演出取消了吗？你知道现在各大报纸上的头条新闻是什么吗？他们全都刊登出了那名演员自杀的消息！你错过了一条大新闻！"

接下来这位总编教训他说："你应该懂得，像这样的名演员，她的首场演出临时被取消，这本身就是一条重要的消息！你既然这么愿意睡觉，那你就一直在家睡觉吧！明天你也不用来上班了！"泰勒去剧场时，他只是想到要采访那位名演员的"首场演出"，却没有想到也应该采访"首场演出的取消"。正是因为不具备随机应变的能力，泰勒错过了重大新闻，导致自己丢掉了饭碗。

所以，无论从事什么活动，由于所处客观环境的变化，或自身主观条件的改变，常常都可能有必要做出某种方向性的调整。有的人能敏锐地看出和抓住时机，正确及时地作出转向的抉择，采取转向的行动，经过努力之后，最后获得了成功。在回顾这一经历时，还可能会为自己在关键时刻作出的及时转向深感欣慰和庆幸。但转向必然意味着对以往的努力和已取得的成果需要放弃。面对这样的割舍与放弃，有的人则会顾虑重重，以致错过了转向的时机，到头来只落得追悔莫及。

做到该进则进，该退则退，该坚持就坚持到底，不需坚持便及时转向，这也是鉴别和衡量一个人的抉择水平与创新能力强弱的重要尺度和标志之一。

许多人都表达过这样的思想：一个武林高手，不仅善于有力地将拳头打出去，也善于敏捷地把拳头抽回来，而且抽回拳头比打出拳头的速度要更快，技巧要更高，否则就有可能被人抓住胳膊，继而被人揍。

并不是只要客观形势有了重大变化，自己感到了有某种转向的必要时，就认定必须及时转向，还需对现实进行冷静地分析，权衡利弊以后，看是否值得，是否恰当。切不可受见异思迁、朝秦暮楚的浮躁心理驱使，轻率地作出转向的决定。

现代的机遇呈现如下特点：一是高速度；二是快节奏；三是多变化。

这些特点对每个人都提出了更高的要求，最为重要的一点就是：必须具有应对瞬息万变的变化的能力，方能抓住良机，一步步走向成功。

小机遇迎来大机遇

成功者总是善于抓住每一次机遇，充分施展才能，最终获得命运的垂青，在这中间有一个必要的环节，就是把小机遇变成大机遇。

有人把机遇比成是一个神秘莫测的美丽天使，她总是倏然降临在你身边，如果你不能抓住她，她又将害羞地隐遁起来，无论你怎样叹息、怎样哀求，都不会感动得让她再次出现，这就要你有抓住她的手，然后把她拉出来的能力。林语堂就抓住了这个"天使"的手。

一天，有一位美国先生设宴邀请多位名作家，赛珍珠和林语堂都在被邀请之列。席间，赛珍珠知道座上有许多中国作家，就说道："各位何不以新作供美国出版界印行？本人愿为介绍。"座上人当时都以为这只是一种普通的敷衍说词而已，未予注意，唯独林语堂当场一口答应。回去后两天之内，他搜集了发表在中国的英文小品汇集成一巨册，送给赛珍珠，请斧正。赛珍珠因此对林语堂印象极佳，之后，竭尽所能去帮助他发行。据说，当日座上客中尚有吴经熊、温源宁、全增嘏等先生，以英文造诣而言，均不下于林语堂，如果事后，能像林语堂一样努力，最后，获得成就一定不会比林语堂少。

当时受邀请的作家都是名人，水平不相上下，但最终林语堂能够被人们铭记于心，不仅在于他的文学天赋，更在于他把握住了一个成名的机遇。一个人能否成功，固然要靠天才、要靠努力，最为关键的是要善于把握机遇，不放过任何一个机遇，在此期间，把小机遇变成大机遇，把小成功变成大成功。

人生无不充满标志着命运转机的戏剧性情节。而成功人士和普通人的最大区别就在于，成功人士不放过任何一个可能成功的机遇。这一点，我们也可以从居里夫人发现镭的过程看出来。

1896年，法国物理学家贝克勒尔经过多次试验，终于发现了铀元素，为此，他发表了一篇工作报告来详细介绍这个不为人所知的元素。铀及其化合物具有一种特殊的本领，它能自动地、连续地放出一种人的肉眼看不见的射线。这种射线和一般光线不同，能透过黑纸使照相底片感光。它同伦琴发现的X射线也不同，在没有高真空气体放电和外加高电压的条件下，却能从铀和铀盐中自动发生，铀及其化合物不断地放出射线，向外辐射能量。

可惜的是，贝克勒尔到此就止步了。因为科学家们历来都认为，各种元素的原子是物质存在的最小单元，原子是不可分割的、不可改变的。根据当时的科学观察，无法解释钋和镭这些放射性元素所发出的放射线的。因此，贝克勒尔只是把它当成了自然现象，并没有进行深究。

这些能量来自于什么地方？这种与众不同的射线的性质又是什么？细心的居里夫人从中看到了成功的希望，决心揭开它的秘密。

1897 年，居里夫人选定了自己的研究课题——对放射性物质的研究。对放射性物质的研究是一个全新的课题，居里夫人对此产生了浓厚的兴趣，在她的不懈努力之下，终于完成了近代科学史上最重要的发现之一——发现了放射性元素镭，并奠定了放射化学的基础，为人类作出了伟大的贡献。

巴尔扎克也说过这样一句话："显赫的声名总是无数的机缘凑成的，机缘的变化极其迅速，从来没有两个人走同样的路子成功的。"是的，精明的人不但会看到周围的机遇，而且会借着小机遇引来更大的机遇，这种能力造就了源源不断的成功，想要成功其实有的时候比较简单的，困难的是将这种成功走到下一步成功。

旧事物中的新机遇

也许，在旧事物中蕴藏着不为人知的宝藏，寻找机遇，如果目光只是看到一些新生的事物，这样做是不全面的，旧事物中蕴藏的新机遇也是崭新的，对于成功，效果一定不差。

在世界上，如果没有活力一切都没有生机。所有积累了庞大财富与达到目的的人，都充满了无穷无尽的活力，这种活力可以这样来解释，那就是机遇的刺激。如果一个人默默无闻地努力，没有成功的刺激，想要坚持下去就只能看自己的心理承受能力了。

这种刺激就好像是买彩票，一天不中，两天不中，第三天就不买了，对此大失所望。结果第三天有人中了，接着第四天，这个人又开始买了，机遇和成功之间的关系最为鲜明的莫过于此。

几年前，一个美国青年在湖边散步时，发现一块块圆滑的鹅卵石，便灵机一动想出一个办法。他在一个小木盒里放了些稻草，然后把鹅卵石放了进去，并且为它起了一个新的名字"宠石"。而且还附上一本小册子《如何爱护宠石》。其中谈到这是世界上最乖最理想的玩伴，不像狗那样邋遢，每天非得牵着散步不可；也不像猫一样执拗；它不吵不闹，也不用喂食，不用清理粪便，让你省下烦琐的照顾程序……而这包装精美的"宠石"，每一件只卖5美元。

当时，适逢圣诞节，"宠石"受到了很多人的欢迎，成了全国最热门的礼品。那个年轻人在短短4个月内净赚了140多万美元，摇身一变，成了百万富翁。

我们不仅要善于点石成金，还要善于古为今用。钟表发明以前，古代人用一种叫沙漏的工具来计时。这种时间工具，就是根据沙向下漏的多少，便能看出时间过去了多久。这种计时器自从有钟表之后，世界各国都已不再使用。

日本有一个叫西村金助的人，他非常喜欢从事沙漏的制作，但近几年，因为沙漏市场前景不佳，销量越来越少，使他日益陷入了困境。

直到有一天，他看到了一本关于赛马的书，上面写着这样的话："现在，马虽然已经失去了它的运输功能，但是在赛马场上它又发挥了另外一种价值。"这让他一下子受到了很大的启发，沙漏虽然失去了他的功能，但是可以换一种角度去发掘它另外的功能。西村金助决心从另外的新的角度来看沙漏的作用，试图找到沙漏的新用途。这就使得西村金助在家里闭关了好几天，终于想出了沙漏的一种新功能：制作时限为三分钟的小沙漏，将它安放在电话机的旁边。

这样，对于经常打电话的人，特别是打长途电话的人来说，更能实实在在地控制好时间，以便节约电话费用。同时，由于制作的沙漏小巧玲珑，不打电话的时候也可以作为一种小摆设、装饰品。这种简单、价廉、美观、实用的小沙漏，一上市就销路大好，一个月的销售量就达到几万个。这一出乎意料的大收获，不仅使西村金助收入甚丰，还大大激发了他的创新意识。此后，他在不断从新角度审视旧事物，不断开发老产品的新用途方面，取得了越来越多、越来越大的成果。

那些看似平凡，甚至于陈旧过时的事物中往往蕴含着创新的因子，只要善于推陈出新，就会抓住化腐朽为神奇的契机。这种机遇也叫作创新，从旧事物中寻找新的生机，这需要头脑，是一种宝贵的机遇。

好比是田径运动，虽然总是那样的动作，但是总会有人创造新的纪录，这就需要实力。对此，实力有多强，机遇就有多少。这里没有旧的和新的分别，只要能给人带来成功，都是宝贵的。

时机成熟的尽头，是机遇

机遇不会在静止中变得成熟，只能是在促进中成熟。就像是地下的石油，把它挖出来之后，你会收获汽油、柴油等很多资源。发现石油，等于发现机遇的第一步，然后你会发现石油的背后或者还有天然气之类的附属品。

成功者抓住机遇时总是善于在快速的行动中促使时机成熟，因为机遇成熟的背后，不但是成功，或许还是另一次机遇，这种机遇就好像捡到一条狗之后，不久生了狗宝宝一样，能够复制所有成功，这种成功不是一次性的，而是接二连三地由机遇变成成功，再由成功变成机遇……其中的转变功能的操纵者就是精明的成功者。金娜娇就是因为一条信息而成为商界名人的，我们不妨一起来回顾她的那一段成功经历：

著名企业家金娜娇，是京都龙衣凤裙集团公司总经理，龙衣凤裙集团下辖9家服装厂，总资产超过1个亿。金娜娇善于从中国传统古典中寻找到契机，再加上她那种准确的判断力和积极的行动力使她抓住了一次又一次的商机。

有一次，金娜娇代表公司在上海举行了一次隆重的新闻发布会。在会议结束返乡的列车上，金娜娇与同车乘客的闲聊中，获得了一条不可多得的信息：清朝末年一位员外的夫人有一身衣裙，分别用白色和天蓝色真丝缝制，白色上衣绣了100条大小不同、形态各异的金龙，长裙上绣了 100 只色彩绚烂、展翅欲飞的凤凰，这身衣裙还有一个非常响亮的名字，叫作"龙衣凤裙"。金娜娇听后欣喜若狂，一打听得知员外夫人依然健在，那套龙衣凤裙仍珍藏在身边。虚心请教一番后，金娜娇得到了员外夫人的住址。

得到这条信息后，金娜娇打消了返回南昌的主意，在下一站就下了火车，马不停蹄地找到那位年近百岁的老夫人。作为一个时装专家，金娜娇可以说是见过了太多的精品衣服，但当她看到那套色泽艳丽、精工绣制的龙衣凤裙时，还是被惊呆了。她多年的服装业敏锐感觉告诉她，这种款式的服装有很大的潜力可以进行挖掘。金娜娇打算把这件衣裙买回去，好好研究，于是，金娜娇毫不犹豫地以 5 万元的高价买下这套堪称服装界稀世珍宝的衣裙。回到厂里，金娜娇立即选取上等丝绸面料，高薪聘请精于苏绣、湘绣的老师傅，让龙凤衣裙融入现代服装的流行元素。

功夫不负有心人，一年之后，当代的"龙衣凤裙"面世了。在广交会的时装展览会上，龙衣凤裙一炮打响，国内外客商潮水般涌来订货，一时间，龙衣凤裙供不应求。金娜娇要求订货的商家先付一部分货款，然后用这笔款项扩大生产规模，3 个月后，终于赶制出了足够的龙衣凤裙。而这 3 个月，刨去成本，金娜娇足足净赚了 3000 万元。

也许，人们都不讨厌成功，但成功也来之不易，既然来了，就让它来得更加猛烈点吧！这种要看自己的操控能力，也要看自己的运作能力，如果你只具备前者，你的成功将会是一次性的，想要再次成功，就要寻找另一次机遇。具备了后者的人，才能将机遇的作用发挥到更大。

发现危机中隐藏的契机

所谓危机，可以说是危险，也可以是一种宝贵的机遇，事情的两面性决定了这一点，坏的东西也不是一无是处，都是具备双面性的，能从危机中发现机遇的人，是一个能够力挽狂澜的人。

现实生活中，很多人都认为危机就是最大的问题，是最恐怖的陷阱。然而殊不知，

第五章
机遇咬钩了，请拉竿

危机到来时，通过积极的转化，顷刻间能变成超越对手的良机。

"危机"其实一直都包含着两个方面的内容：危险和机会。只是我们经常习惯性地只看到了危险而忽视了机遇，危险与机遇总是如影随形，就看我们是否善于发现并捕捉，能不能做到愈挫愈勇。

也许，很多突如其来的危机会打破人们已经习惯的生活方式，或者约定俗成的体制、规律、观念等，使没有准备的人们受到冲击和刺激，产生一些不良的后果。与此同时，也能召唤出巨大潜能，积极探索、创新，从危机中挖掘出隐藏的契机，开拓崭新的局面，然后收获意想不到的惊喜。

南宋绍兴十年(1140年)7月的一天，杭州城最繁华的街市却发生了一场意外的火灾。火势蔓延非常迅猛，数以万计的房屋商铺置于汪洋火海之中，在顷刻之间就化为乌有。

在众多商贩中，有一位姓裴的富商，苦心经营了大半生的几间当铺和珠宝店，也恰在那条闹市中。水火无情，火势越来越猛，他眼睁睁看着大半辈子的心血即将毁于一旦。

面对这样突如其来的灾祸，这位富商并没有让伙计和奴仆们冲进火海，舍命去抢救珠宝财物，而是冷静镇定地指挥他们迅速撤离，一副任由天命的神态，令众人大惑不解。

邻里街坊一边暗自叹服富商临危不乱的品性，一边也为他捏了把汗：这场大火的损失几乎让富商倾家荡产，对于年过半百的他来说，的确算是很大的危机；他是否能承受，甚或又如何"东山再起"呢？

而富商并不像人们想象得那样捶胸顿足，他表现得不动声色，亲自派人从长江沿岸平价购回大量木材、毛竹、砖瓦、石灰等建筑用材。当这些材料像小山一样堆起来的时候，此刻的他又归于沉寂，整天只是品茶饮酒，逍遥自在，好像这场大火与他毫无关系。

这场大火烧了数十日之后被扑灭了。过后，那个曾经车水马龙的杭州城，大半个城已是墙倒房塌、一片狼藉。为了更好地进行重建，不几日朝廷颁旨：凡经营销售建筑用材者一律免税。

听到这样的消息，杭州城内一时大兴土木，建筑用材供不应求，价格陡涨。姓裴的这位商人趁机抛售"寄存"的那些建材，这一次获利是巨大的，数额远远大于被火灾焚毁的财产。这财富在商贩的眼中，来得是那么理所应当。

这是一个久远的故事，然而蕴含其中的经营智慧却是亘古不变的。每一处危机中都蕴藏着一个同等程度或者更大的契机。

当自己遇上了某种人为或非人为的危机时，不可只是焦急、痛心、怨天尤人，更不可颓丧、绝望，坐以待毙；需要的是沉着应对，振作精神，对所面临的危机细加观察和分析，看其中包含着哪些能使其转化为良机、转化为好事，或至少能大大减少损失的因素，从而通过主观努力有效地加以利用。

虽然危机中可能蕴含机遇，但谁也不希望遭遇突变、面对危机，然而灾难是不可避免的，回避是不可取的。唯一的办法就是像上述的有"智"之人一样，想办法渡过难关。只有这样，生意才能越做越大，人生才能越走越成功。

人人渴望机遇，却很少有人能发现隐藏在危机中的契机。在许多成功人士的传记中都会看到，危机是成功人士的盟友。最危险的时候，往往会产生最大的机遇。危机发生了，成功人士似乎更懂得在无秩序中冷静思考，用心捕捉的好处：在他人尚处在组织混乱、头脑困惑的状况中时，敢于尝试，勇于创新，抓住成就自己一番事业的契机。

所以，当机遇蒙上面纱偷偷地咬钩时，我们一定要做好拉竿的准备。最主要的问题还是在于，一个人面对危机这只"纸老虎"时，是否能不被吓倒，是否有意识调动并挖掘出自身更大的潜能。甚至有意识地把自己置于危机之中，燃烧斗志和热情就会产生意想不到的结果。

相比于"我无法解决"，取而代之的是"我可以更能干"。经历过危机之后，潜藏的意志力就会启动，同时，自信也会产生。面对更高的目标，挑战的勇气便会自然涌出，这种勇气是获取更大成就必不可少的台阶。

命运在恰当的时刻告诉我们：困难越大，就越能成为迈向成功的垫脚石。其实，危机并不可怕，可怕的是危机之后屈服于现实，失去了东山再起的力量和勇气，也就失去了创新思维的胆识，和另辟蹊径的机会。

第六章
抓住机遇，请"善待"

> 抓住机遇，只是成功的一多半，作用大小，在于个人的应用。捡到钻石，就应该把它做成珠宝，让它更加有价值，对于人生而言，就是从一个成功走向另一个成功。机遇是可贵的，努力是必要的，只有两者都具备，成功才是必然的。

实现机遇，从"实"开始

你想更多地抓住取胜的机遇，就必须脚踏实地打好成功的基础。

很多时候，我们从不缺少机遇，只是缺少实现机遇的能力和头脑，从而让机遇成了别人的"猎物"。对于一个善于抓住机遇的人而言，他们习惯于根据已知的一切信息，推演未来的变化并及时付诸行动。道密尔就是依靠着自己的实干，从一个搬运工一步步地迈向企业家的行列。

著名的美国大企业家道密尔是一个匈牙利人，1948 年他带着仅有的 5 美分流亡到了美国，除了一个企业家的梦想之外，可以说他一无所有。在开始工作的头 18 个月，道密尔频繁跳槽，总共换了 15 份工作。是他对工作过于挑剔或不安心吗？不是！他的目的是尽快熟悉美国这片土地和各行各业的情况。

其后，道密尔又到一家工厂当起了搬运工，这是他的第 16 份工作，他并不计较工作的辛苦与否。他的情况有了一些改变。这家工厂的老板是个很细心的人，他很快发现道密尔工作异常勤奋，便开始跟道密尔交谈。结果，老板发现道密尔对各行各业的各个工种都很了解，有着丰富的行业知识，便决定将整个工厂交给他管理。

果然，道密尔不负所托，将工厂管理得非常好。但半年后，道密尔意识到要成为企业家，光有管理知识是不够的，还必须懂市场。于是，他又果断地放弃了这份体面且又高薪的工作，去当了一位实习推销员。3 年后，道密尔买下一家破产企业，并很快使它起死回生。20 年后，道密尔终于迈入了美国大企业家行列。

看完道密尔的故事，我们不难发现，他的成功没有走捷径，只是从实干开始，从不放弃。很多人都和道密尔一样，心中都存留着美好的梦想，但他们之中只有很少一部分人能够和道密尔一样，最终实现自己的理想。这是因为，梦想和目标的实现，需要付出更多的辛苦和努力，很多人往往会被安逸的工作和丰厚的收入所拖累。

与此同时，不少人总是寄希望于突然而至的"好运"，可以凭借"好运"一步登天，从此位高权重、锦衣玉食、呼风唤雨。也正因如此，才会导致岁月蹉跎、光阴不再，而梦想仍是泡影。

任何事物都有其内在规律，机遇也是如此，但大部分人怕付出辛劳，不愿花费时间进行细致分析，自然就难以看到机遇了。

做过古董交易的人都知道，当大家都不清楚一件物品的价值时，你才可能以极小的代价得手，一旦它的价值为大家所公认，你成功的概率也就因为竞争者的增多而减少，获取的利润也会相对降低。成就任何一个机遇都是有条件的，比如，条件具备了人类才可以登上月球，而首要条件就是敢于脚踏实地付诸行动。

亚历克斯·罗维拉和费尔南多·特里亚斯教授在他们的《好运气——成功的关键》一书中，曾对人生的机遇做了一番阐述："好运气其实就是有效利用环境，它必须完全靠自己来创造，天上不会掉馅饼。问题在于，很多人想得到好运气，但很少有人真正下决心去为之努力。"

对那些一心想实现梦想的人来说，与目标无关的一切，没有什么是不可舍弃的。他们之所以把握住了机遇，并非他们运气好，而是他们的积极努力、不懈追求给他们创造了机遇。

机遇垂青于关注小细节的人

机遇往往只会降临到那些随时注意把握生活细节的人身上。

为了论证这一点，怀斯曼教授曾做过这样一个实验：他请来几个人，并发给他们每人一份相同的报纸，他让那些人仔细数数报纸上总共有几张照片。其中，有些人花了两分多钟才数完，而有的人却几秒钟就完成了任务。原来，在报纸的第二版上写着一行大字："不用数了，这张报纸共有 43 张照片。"在这行字的下面，怀斯曼教授还写着："不用数了，只要你告诉我你看见了这行字，你便将得到 250 美元。"可令人遗憾的是，只有一两个人看到了这句话。

在实际生活中，大部分的人都会忽略生活的细节，但机遇往往只会降临到那些随时注意把握生活细节的人身上，西洛斯·梅考科的成功就是最好的证明。

在那个年代，农业机械的价格极为昂贵，大多数农民都是买不起这种设备的。而美国国际农机公司创始人西洛斯·梅考科采取了"优质低价"和"分期付款"的措施，最终使公司成为全球收割机制造业的后来居上者。

谈起自己的"妙招"，梅考科曾说："我所采用的这种办法是受了一块糖的启示。"这是怎么回事呢？原来，国际农机公司成立不久，销售增长速度很不令人满意，而梅考科一直为想不到好的计策而一筹莫展。

一天，梅考科走在街上，看见一群孩子在玩，其中一个孩子取出一块糖放进嘴里，其他小孩都露出眼馋的表情，纷纷拿出硬币去换糖块。只有一个最小的孩子始终没动弹。看着他噘着小嘴、无可奈何的样子，梅考科想到他没有钱，便想上前给他一毛钱。就在这时，那个小孩眨眨眼睛，从口袋里掏出一个小小的塑料玩具说："我拿这个跟你换，可以吗？"大孩子接过玩具看了看，笑了，说"好"，一边给小孩一块糖。这样，一笔小小的交易就做成了。

这一件与销售机器毫无关系的小事令梅考科茅塞顿开——以物换物。这种最原始的商品交换手法是如此实用，虽然农民手里没有那么多的现款，可他们手里有粮食，地里有麦子。农民可以先不交钱，机器先拿回去使用，等麦子成熟后付款。一套新的推销方法在梅考科脑海中初步形成了。

回到办公室后，梅考科立即着手推行了这种新的销售方法。结果，这种方法受到了大批农民，特别是专靠农产品收入的农民的热烈欢迎。于是，大家都争先恐后地来找梅考科洽谈生意，后来，梅考科又把这一办法和分期付款结合起来，国际农机公司的产品需求量立马成倍地增长，公司规模迅速扩大，并顺利打入了国际市场，成为名副其实的"国际农机公司"。

可见，只要做有心人，在一些看似不起眼的小细节，你也能够找到机遇，做出大文章来。还有这样一个故事，你读了之后也许更有启发。

一个英国青年和一个犹太青年一同去一家公司应聘。在路上时，两人同时发现地上有一枚硬币，英国青年十分不屑，昂首阔步走了过去。而犹太青年却弯腰将硬币捡了起来，并十分高兴。英国青年心想："这个犹太人真没有出息。"而犹太青年则心中感慨："钱摆在地上都不捡，这个英国人真是个傻瓜。"

后来，两人同时进了这家公司工作。一段时间后，英国青年开始抱怨公司太小，工作很累，工资也低，而且毫无前途。没过多长时间，英国青年就主动离职。而犹太青年却坚持留了下来，并踏踏实实工作。

两年后，犹太青年已成了老板，他去人才市场招人，巧遇了英国青年。而这个英国青年没有干出什么业绩，还在苦寻出路。英国青年非常不理解，问犹太青年："为什么我们在同一个起点出发，结果如此不同呢？""道理很简单，"犹太青年说，"你连一枚硬币都不要，没有小钱的积累，怎么会发大财呢？这样机遇自然也就不会降临到你的头上了。"

犹太青年眼观六路，既细心，又肯干，所以能够很快从打工者提升为老板。老子曾说过："合抱之木，生于毫末。九层之台，起于累土。千里之行，始于足下。"说的就是这个道理。做一个生活中的有心人，认真地关注细节吧！说不定哪一天，机遇就会突然出现在你的面前。

永不放弃，勇敢争取机遇

当很多人竞争一个机遇时，因为竞争的人多，每个人的成功率不到10%。由此，一些不愿为不知结果的事白白浪费时间和精力的人会选择放弃，而那些有一线希望也要争取、认定的事情绝不会半途而废的"傻瓜"则会选择留下来。由于大部分人已经退出竞争，后来的成功率实际上已由原来的10%提升到60%甚至80%。也正因如此，剩下来的人更容易接近机遇。

人生在世，永远不会缺少机遇，缺少的是那些积极、主动抓住机遇的人，缺少的是永不放弃的精神。我们不妨一起来品读这样一则触动人心的故事吧：

第六章
抓住机遇，请"善待"

在经济大萧条时期，大量家庭的收入剧减，很多父母再也没有闲钱给孩子们买玩具、零食和他们喜欢的东西了。这时，一个12岁的小男孩想到自己现在应该找一份工作来增添家里的收入。

他走到街头，四处打听招工的事情，突然他在一面墙上看到一则招聘广告：一家零售店想找一名男孩做见习店员，他急忙跑去应聘。到了那儿后，他才发现想要工作的孩子还真不少，连他在内，总共来了7个。

店主看了看这7个孩子，想了一会儿说道："孩子们，我看你们个个都不赖，但我不能把你们都收下，因为我只需要一个见习店员。怎么办呢？这样吧，为了公平起见，我给你们举办一个小小的比赛，谁的成绩好，我就收下谁。"

见7个孩子都点了点头，店主在地上插了一根小铁棒，又在离铁棒五六米远的地方画了一条线，然后交给每个孩子10颗小石子，"你们依次站在线外投掷铁棒，谁击中的次数最多我就录用谁。"

孩子们开始争先恐后地走过去投掷起来。但是，那根铁棒太小了，距离又太远，7个孩子谁也没有击中一次。见天色已晚，店主说："既然你们未分胜负，我就不能决定录用谁。这样吧，你们明天再来碰碰运气吧！"

第二天，那个小男孩来了，他看到了其他2个孩子。"已经有4个人被你们淘汰出局，小家伙们，你们的机遇增加了不止一倍。让我们开始吧！"店主开玩笑地说道。

那两个孩子先后投掷完了小石子，其中一个居然击中了一次，他胜利在握地看着即将"出场"的小男孩。只见，小男孩迈着自信的步子，走到那条线旁边，不慌不忙地投掷起来。他投掷出10个石子，击中6次，惊得那两个孩子和店主目瞪口呆。

"孩子，一夜之间，你是怎样变得这么厉害的？"店主吃惊地问道。

"不瞒您说，为了能够赢得今天的比赛，我昨晚练习了一夜。"小男孩微笑着说道，还揉了揉已经酸痛的胳膊。

店主听了更为吃惊，说："孩子，我决定录用你了。你要是始终用这种态度做事，将来一定大有出息！"后来，这个小男孩成了一家国际大集团公司的总裁。

所谓好运，无非是做成了一件成功概率极小的事。如果十拿九稳，就谈不上好运。每当一件事情发生，尤其这件事情成功率极低时，不同的人便会做出不同的选择，但抓住机遇的往往是那些不肯放弃一点希望，并付出百分之百努力的人。

有进取心，更能实现机遇

不管你是一个如何出类拔萃的天才，但若没有进取心，那么终将是一事无成、一生无为。即便让机遇与你相逢，你也没有能力去实现。如果此时再没钱、没学历、没背景，那就简直是一种人生灾难。

但对那些有进取心的人来说没钱、没学历、没背景的含义就大不一样了。没钱，可以使自己免于沉溺在安逸之中，败坏身体又败坏名声；没学历，可以提醒自己知识远不够丰富，需要努力学习；没背景，可以使自己不抱依赖他人的幻想，自力更生、奋发图强。

有一个小女孩可能是妈妈怀她时吃错了什么药，被医生诊断为弱智。她在读书方面似乎毫无天分，别的同学一听即懂一看即会的知识，老师给她再三讲解，她才达到一知半解的程度。

妈妈觉得很对不起她，也不指望她用一个好成绩来给父母脸上增光添彩，凡事只要她开心就好。就这样，她三分明白七分糊涂地念完了小学。到了初中，她对几何、代数以及越来越多的新名词更是一筹莫展，直到快毕业了也是一知半解。

一次，老师给她讲解一道几何题。讲完第一遍，问她听懂没有？她摇头。虽然女孩一点也不像能考上高中的样子，但老师抱着再试一试的心理，还是想对她尽最后一份力。老师换了一种方式给她讲第二遍，她摇头。讲到第六遍，她还是摇头。最后老师绝望了，说："我不知道是你太笨，还是我太笨，反正我是教不了你啦，你好自为之吧！"

其实，女孩早就烦死了读书这门苦差，现在老师的话给她找到了一个退学的借口。回到家，她告诉妈妈："老师说她太笨，教不了我。我不想读书了！"妈妈一听，也不勉强她，不读就不读吧，只要她开心就好。

第六章
抓住机遇，请"善待"

女孩真的不去上学了，她在一个同学的帮助下，找了份酒店的工作，可她做了一两个月便厌烦了。因为酒店里面，难免会遇到一些喝高的人，他们在大堂里当众出丑，还吐得一塌糊涂。女孩清洁这些污物的时候，扫帚还没伸过去，自己就会先吐一地。

一天，女孩打电话给帮她联系工作的那位女同学，向她诉苦："我不要做这种低级的工作了，你再给我找份好工作吧！"女同学无奈地说："没有办法啊！你读的书太少了，只有这种工作可做。要是你念了高中，读了大学，你就可以找到又轻松又体面的工作了。""没有别的办法吗？""真的没有别的办法。"女孩放下电话，陷入了深思。

要想干轻松又体面的工作，必须念高中，读大学，没有别的办法！最后，女孩决定在家里自习，准备考高中。可是，她知道自己小学的知识还没学全，想学好初中的课程，很难！她想，既然如此，那我就从小学开始补习吧。

说干就干，女孩找来小学一至六年级的所有课本，开始在妈妈的指导下进行学习。当她自习一年级的知识时，她发现特别简单，几天就学完了。她想："这不难嘛！以前我为什么老学不会呢？"

一年的时间里，虽然课程难度越来越大，但她总算一一过关，修完了全部小学的课程，她想："这时要是让我参加小学的毕业考试，我准能拿第一名。"接下来，她又用了一年时间，修完了初中的课程。

女孩开始思考："为什么以前我学东西特别艰难呢？"经过一番思考后，她认为智商只是一个因素，自己对学习毫无兴趣是最大的原因。另外，老师没考虑到自己的接受能力，按别人的进度来教自己，自己当然跟不上。而现在，自己有了强烈的学习意念，按自己的理解水平进行学习，进度非常快，效果也不错。

就这样，女孩以优异的成绩考上了高中。父母高兴得热泪纵横，邀请亲朋好友，为女孩举行了热闹的庆祝仪式，这是女孩第一次品尝到成功的滋味。

虽然念高中时，女孩学得仍比别的同学艰难，比别人多读了一年才考上大学，又比别人多花了一年时间才大学毕业。不过，她学的知识比那些聪明伶俐的同学们扎实多了，因为她完全吃透了所学知识，不吃透她就记不住。

大学毕业后，女孩去了美国留学，她读完了 MBA，进入一家大公司工作，现在已是这家公司的中层主管了，其间她还修完了博士学位。"也许我是博士这个群体中智商最低的一个，但我的生活却比那些智商比我高的人更加丰富多彩。"她笑着这样说道。

在我们的身边，常有这样的事情发生：那个原本比你脑子笨的人，现在事业比你做得体面多了；那个原本比你穷的人，现在变得比你富裕多了；那个原本没有你好看的人，现在过得比你幸福多了。

尽管他们原本并不如你，但是他们有一颗进取的心，成功地克服了自身的不足，才引导着自己走上了理想的生活之路，捕捉到了改变人生的机遇。只有时时保持进取心，你才可能真正地成为实现机遇的成功者！

不是好运，胜似好运的机遇

人一生的遭遇，往往决定于人生道路上的关键的几步是走对了还是走错了。其实，机会在人的各个领域的实践活动中，其具体表现千姿百态、千奇百怪，很难将机会的作用准确无误地概括为普遍适用的几条几款。就以科学技术研究这一领域来看，机会的重要作用是十分明显的。

鉴于科技发展史上多得难以计数的机会事例，和基于广大科技工作者自身的实际体会，在科技界已形成一种共识：科学技术大量的重要发明发现，往往都包含着不同程度的机遇因素。有人把19世纪称为"偶然发现和发明的世纪"。可以这样说：科学技术研究，正是在于透过事物的偶然性，去揭示事物的必然性，从而做出种种发现与发明，以推动科学技术的不断向前发展。

乍看起来，许多卓有成就的科学家似乎是靠了幸运而在不经意间偶然获得了意外的机遇，实际上这些机遇的降临，却大都是他们付出大量心血后所得到的相应回报。只不过在他们抓住那些机遇的时候，表现出了某些"偶然"和"幸运"的色彩罢了。特别是要及时看出和抓住那些能最终带来革命性重大成果的特殊机遇，无疑需要具有超乎常人的慧眼和胆识。

市场竞争，风云变幻。在每一个市场竞争参与者的面前，时时、处处都存在着大量的机遇，即人们常说的商机。问题在于如何去发现、抓住和利用它们。机遇时隐时现，变幻莫测，而且常常转瞬即逝。当代信息社会生活节奏的不断加快，更是给机会的发现与捕捉增添了难度。

机遇在市场竞争者的面前，其呈现的频率和捕捉的难易程度，并非人人均等，能否及时抓住和利用它们，更是"因人而异"。从这个意义上说，市场竞争实际上往往也就是捕捉机遇的竞争。捕捉机遇的能力，首先是思想意识上的及时识别和反应的能力，这是每个企业家和市场竞争者创新能力强弱的重要表现和标志之一，也是他们都必须不断地加强修炼的一种基本功。

实际上，这些机遇的捕捉及其所带来的成果，都是付出了辛勤劳动和心血的产物，而且大都与他们具有的善于捕捉和利用机遇所必需的基本素质和主观条件分不开。

机遇对世上每个人都是平等的，时常听说有的人"走运"，有的人"倒霉"，如果仔细分析一下就不难发现，"走运"的人一般都善抓机遇，"倒霉"的人却不时错过机遇。这看起来像命运的捉弄，实际上这里却大有学问。

为什么有人能经常得到好的机遇？为什么有的人机遇到了手边却得不到？其中首要的问题是人际关系处理得是否得当。在现代社会中人际关系已成为一门学问，能否真正掌握这门学问对机遇的好坏大有帮助。

人际关系的好坏与机遇的数量密不可分，人际关系处理得好的人机遇往往就多；与此相反，人际关系处理得不好的人即使有机遇也很难降临到其头上。力学有作用和反作用原理，人际关系和机遇何尝又不是作用与反作用的关系？很多人认为"走运"与"倒霉"只能听天由命，听其自然，这是一种消极和愚蠢的想法，如果不善抓机遇和处理好人际关系，一辈子都不会走运。

不要放手让机遇溜走

"好花盛开，就该尽先摘，慎莫待美景难再，否则一瞬间，它就要凋零萎谢，落在尘埃。"莎士比亚曾如此形容机遇。机遇在每个人面前都是转瞬即逝的，机遇对于每个人都是平等的，如果你抓住了机遇，你就会平步青云，相反地，你将错过人生中最美丽的风景。

当机遇来临的时候，多数人的毛病是闭着眼睛，很少人能够去追寻自己的机遇，甚至在绊倒时，还不能见着它。当机遇来临的时候，我们更应该勇敢地去迎接它，用你的能力把它牢牢把握住，你要知道，在人生的道路上，善于识别与把握时机是极为重要的，拥有这一项本领可以让你比别人用更少的时间去实现更多的价值。

饭店大王希尔顿，也许这个名字听起来你会感到陌生，但提起希尔顿饭店，大多数人就应该知道希尔顿了，在世界各地我们随处可见希尔顿饭店闪亮的招牌和气势恢宏的建筑。那些经常来往于国际大都市之间的财贸界巨商，甚至国家首脑，都把下榻在希尔顿饭店作为一件幸事。也因为这样，唐拉德·希尔顿才成为饭店业、经济界的代表人物。

希尔顿出生在美国新墨西哥州一个荒凉小镇上，他是家里的第二个孩子。希尔顿的家境非常贫困，他一共有七个兄弟姐妹，父母每天都在为了生计奔波劳碌。

希尔顿深深懂得家里的困难，很早就承担起了家庭的重任。

早年的希尔顿追随掘金热潮到丹麦掘金，遗憾的是，他没有挖掘出一块金子。

上帝为你关上一扇门的同时，会为你打开一扇窗。正当希尔顿准备收拾行囊回家的时候，他却发现了另外的一个商机，一个比淘金还要珍贵的商机。

他发现那些淘金者居住的都是距离偏远的旅店，这些旅店价格昂贵，这就使得一些淘金者望而却步。希尔顿抓住了这个机遇，当淘金者都在忙于淘金的时候，希尔顿就开始为这些淘金者建造旅店。由于希尔顿建造的旅店价格公道，颇受淘金者的欢迎，以至于门庭若市。这就是希尔顿饭店的开端，希尔顿从淘金者身上赚到了第一桶金。现在，希尔顿饭店已经成为世界饭店的一个标杆，在饭店行业牢牢占据着龙头老大的地位。

一个明智的人总是会抓住机遇，把它变成美好的未来。希尔顿就是这样一个人，他在机遇面前不胆怯，敢于抓住机遇，然后紧紧把握住它，不让它从指间溜走。因为他懂得，机遇在每个人身上停留只有短短的几秒，他敢于做饭店业的第一个吃螃蟹的人，然后把饭店行业做起来，成就了希尔顿饭店王朝。

世界上有许多做事有成的人，并不一定是因为他比你会做，而仅仅是因为他比你敢做。当机遇来临时，你要懂得保持清醒的头脑，不要胆怯，因为机遇的出现只在一刹那的光景，如果谁错过了，那么他将失去整个世界。

短短的几秒钟，却涵盖了机遇的"一生"，但凡成功人士，都是牢牢把握住机遇的人，因为他们懂得，在机遇存在的短短几秒，可以决定一个人的一生。机遇总是光顾有头脑的人，因为他们可以让几秒钟的机遇开出野百合那样美丽的花朵来。当机遇来临时，不要让它从指间溜走，要牢牢抓住它。

机遇，万分之一也诱人

更多的时候，我们缺少的是那种为万分之一的机遇而等待的耐心与勇气。虽然等待的结果往往是失望的，但只有等待才有希望。只要你以一种豁达的心态去对待失望，你便会从失望中获得平和的心境，从而重新鼓起勇气。

生活中，你是否常常嘲笑为了不可能实现的梦想而痴心奋斗的人？笑他们的愚蠢与不明智，可是回头想一想，因为目标遥远而放弃希望的人们，难道不是更应被嘲笑吗？与此同时，很多人只是羡慕别人辉煌的时刻，却又很少去想别人曾怎样为了万分之一的机遇而付出汗水，更很少去想到这个现在辉煌的人，或许就是原来被你嘲笑的那一部分人。

机遇绝不是偶然的，虽然有时看似简单、看似不可能，但在我们不曾注意的地方，成功者一定付出了自己的努力！所以，机遇凭自己争取，机遇靠自己把握。尽管在同等条件下，你是个弱者，但只要你坚持不懈地努力拼搏，就会争取到一次难能可贵的机遇，就会拥有属于自己的春天。

我国球星孙雯曾获得过"20世纪世界最佳女子足球运动员"的称号，她曾感慨地说："一个人在人生低谷中徘徊，感觉自己支持不下去的时候，其实就是黎明的前夜，只要你坚持一下，再坚持一下，前面肯定是一道亮丽的彩虹。"

孙雯从小的梦想就是当一名优秀的足球运动员。后来，她的父亲见她如此痴迷足球，就把她送到了体校去专业学踢足球。可由于之前没有受过什么规范的训练，刚进体校时，小孙雯踢球的动作以及感觉都比不上那些先入校的队友，大家还常偷偷地嘲笑她为"野路子"。

很长一段时间，小孙雯的情绪都极为低落。那个时候，职业队经常会去体校挑选后备力量，每个队员踢足球的目标也就是能够进职业队打上主力。可是，虽然每次选人小孙雯都很卖力地去踢球，然而终场哨响，她总是未能被选中。小孙雯的情绪更为低落了，甚至有了一丝丝放弃的念头。可她的教练总是很委婉地鼓励她："这次你没被选上只是名额不够，你如此刻苦，我敢肯定下一次一定就是你。"

在教练的鼓励下，小孙雯似乎看到了希望，又继续努力地练了下去。可是一年过去了，小孙雯仍然没有被选上，她开始为自己在足球道路上黯淡的前程感到迷茫，她觉得自己个头太矮，又是半路出家，就算再努力也难有什么成就。于是便有了离开体校放弃踢球生涯的打算。可就在她收拾包裹准备离开的那一天，却意外收到了职业队的录取通知书。小孙雯激动不已，其实在她的骨子里还是深爱着足球的，她连忙跑去找教练。教练拿着录取通知书眼里闪烁着同她一样喜悦的光芒，说道："孩子，以前我总是说下一次就是你，其实这句话不是真的，我是不想打击你而告诉你说你的球技还不错，我只是希望你一直努力下去啊！"

顿时，小孙雯什么都明白了，原来是自己的坚持"拯救"了自己。于是她对自己更加充满了信心，在职业队接受着良好系统实战训练中，她继续发扬着自己坚持不懈的精神，很快她便脱颖而出。

成功与失败之间的距离，其实只隔着一颗充满希望的心！永远不要嘲笑那些把饼画在墙上的人！在逆境中，哪怕只有万分之一的机会，也不能轻言放弃。而是要心怀希望，努力地充实、完善自己，时刻准备着，再坚持一下，那么，下一次见到彩虹的可能就是你！

第七章
顺天时，审时度势创机遇

> 孙子曾对"势"作了解释。他说："任势者，其战人也，如转木石。木石之性，安则静，危则动，方则止，圆则行。故善战人之势，如转圆石于千仞之山者，势也。"能够把握"天时"的人，是当之无愧的机遇大师，因为，大的环境对每个人都是公平的，学会利用才能获得成功。

天命 VS 人谋

人的命运究竟把握在谁的手里？是自己还是天。有人说："谋事在人，成事在天。"这前半句话不假，而成事同样也得靠人，这与天何干？

小时候，很多人都玩过这样一个游戏：让别人用手指头来掐着自己的手臂，看将来自己能做什么。很多人愿意当老师，可一旦自己被算成将来要当强盗，则肯定会小心翼翼地重新算过。

虽然是游戏，但是孩子时代就愿意相信命运之说，也许在这个时代奠定了基础，长大后虽然更加理性，但是对命运之说还是愿意相信，总希望自己有好的命运。我们不谈意外，只说成功，好命不能百分之百地为你带来成功，靠的是机遇和自己本身的努力。

有一位刚刚当上副局长的人想要竞逐局长之职。他听朋友说，本地某"半仙"算命很灵，便想悄悄地去问"拜访"一下，看看"半仙"有没有什么指点。

谁知，"半仙"的话让他心里凉了半截。这位"半仙"掰了掰他的手指说道："你今年恐怕没什么官运，此乃天意，不过不用担心，明年四五月份一定会有高人来提携你的，你就只管耐心等待吧！"虽然他相信天命，但是他还没熬到"半仙"规定他的时间，就又偷偷地去"拜访"另外一位据说道行更高的"大仙"。

这位"大仙"一看来者出手阔绰，不敢怠慢，又是发功，又是念咒，后来还浑身抽搐，手脚痉挛，说自己跑了上万里去请"上天仙王"指教了。那位"仙王"认为，此人的命相在三年之内将会有很大的变动，官亦有亦无，要他好自为之。此人再细问，"大仙"就说："天机不可泄露太多。"听完"大仙"的话后，此人便开始变得坐立不安，饭菜难咽。他想："三年之内大变，官亦有亦无，肯定是暗示我只能当三年官了，既然如此，何不趁着现在官职在身快搞些票子，为日后养老垫个底儿。"

三年过去了，有人在监狱里碰见了此君。这个抱着"天命"不开窍的主竟说："唉！想不到那位'大仙'的话还真灵，早知如此，让他帮我想想办法破解就好了！"

命不是天定的，谁也无法主宰你的人生。把自己的命运交给那些"大仙"来定，真是滑稽可笑。其实只要是一个明白人就不难分析出当初"大仙"的话并没有什么新奇之处，他只是将"多行不义必自毙"的必然规律用两种假设进行了"排中"的取舍。所以，你自己如何去领悟，如何去表现，那都是你自己的事，他的话都是能够言中的，这并不存在什么灵和不灵之说。

当命运选择你的时候，你要牢牢把握住，因为你不可能去选择命运，只有当命运降临时，你才能有幸看到它，请不要吝惜你的双手，随时做好拥抱命运的准备。

时不我待，当命运出现时，你不仅要抓住它，还要发挥你的主观能动性，让命运潜移默化地为你所用，用你的聪明才智善加利用，让命运成为你的一部分，而不是被命运所奴役。人世间的机遇少之又少，当命运的抉择摆在你的面前，请做好准备，迎接一个新的人生起点。

形势，一种大机遇

时势造英雄，我们身处社会大潮中，身边的形式无时无刻不在发生变化。物竞天择，适者生存。当你身处这样的环境下，不应该人云亦云，要懂得审时度势，要在这种形势下学会把握住命运的脉搏，做最好的自己。

环境是客观存在的一个先决条件，而处于社会中的每个人，都在面对这样那样的形势，在平等的形势下的你，需要去反思，如何才能在这种形势下，去释放出自己的能量，只有摆脱形势的桎梏，才能发现人生中的大机遇。

机遇是可遇不可求的，它需要你摆正心态，适应当下形势，发掘自身潜力，找寻属于自己的机遇。人生是一个士兵，一个弩兵不可能放在列阵的最后方，因为距离太远，那就超出了弓弩的射击范围。只有把他放在合适的位置，才能发挥最为重要的作用，当然，这里说的大面，是千军万马的总局，大小其实都一样，把自己放在合适的位置，既能保护自己，又能立功，这时候才是成功的。在中国战争史中，有很多高明的战略家正确度势的实例。

大将韩信在接受刘邦的将印之后，思考了当前的形势，为处在困境的刘邦筹划图国大略。

与别人不同，韩信不仅仅是局限于楚汉两军实力的分析，而是经过多方的了解，综合各方面的因素，尤其是对人心向背因素的考察，进行了全面的分析和总结。

韩信最后对刘邦说："项羽缺乏战略头脑，只有匹夫之勇，不足为惧，而我们，却是知人善用，军纪严明，深得民心。"

韩信深知"失天下之心，故其强易弱"，刘邦与项羽相比，更有得天下的能力。贤臣择主而事，故而韩信投到了刘邦帐下。

大的形势并不是一天两天造成的，而是点滴累积而成，一旦形成，就如潮水般"沛然莫之能御"。成功者就是能够发现形势、并善于运用形势的人。我们只有了解自己周围的形势，才能帮助自己作出正确的选择；要想把自己的目标推向比较正确的方向，也必须知道形势在哪里。

其实，我们未来的形势，并非大家想象中的那样遥不可及，它与我们的生活息息相关。我们应该努力去了解它，让自己"开窍"，而开窍有时就像是灵光乍现，有时好像是找对了保险箱的密码，是那种一触即发却做对选择的事情。

形势是一种机遇，这种机遇是公平的，大人办大事，小民图饱暖。

顺应形势，顺利抓住机遇

分析形势靠的是眼光和心灵，而顺应形势靠的是智慧，顺应形势并不是简单的追风跟流，而是要学会用自己的身心去把握形势的脉搏。在中国的大形势下，机会与挑战并存，你需要时时擦亮眼睛，顺应形势，努力地去抓住机会。

明代文学家冯梦龙说过，人的智慧没有固定的模式，以善于顺应形势者为最高。在用"势"方面，中国战略强调"顺势"，有许多中国古代战略著作也讲"应势"，"顺"和"应"的意思基本相同，都强调"顺从""适应"的意思。对于企业而言。顺应了形势，就能快速推动企业的发展。

山西长治的一家公司，公司的名字是澳瑞特健康产业集团，是由做过矿工的郭瑞平在一个破产的小自行车厂基础上组建的，只用了短短10来年，年产值现在已超过上亿元。总的来说，郭瑞平发财的秘诀便是顺势而为。

山西长治地区是个贫穷落后的地方，一些人连饭都吃不饱，根本就没有人花心思去想能在这里淘到第一桶金。

而郭瑞平在毫无经验的情况下，把创业定位于本地毫无市场的健身器材，在当地许多人看来等于找死，但是郭瑞平有一个很好用的头脑，他利用了当时国家竞技体育与群众体育两手抓、两手都要硬的政策大势，将创业目标定位于群众喜欢用群众乐用的健身器材，避开了与国内众多专业竞技体育器材生产厂的竞争，又利用国家发行体育彩票，其中一部分收入指定用于群众健身器材投资的机会，将一套套群众性体育健身器材安装在了北京街头，那种刷成黄色、红色、橙色的健身器材，一组下来少的也有10来件，上面都标着"澳瑞特"的字样，仅这一单生意，就让郭瑞平赚了个盆满钵满。

顺势而作，就是顺水行舟。郭瑞平避开竞争的风口浪尖，开发另外一条出路，然后用自己的头脑和经验走出了一条别人从来没有走过的路。他顺应国家体育总局的形势，做出符合国家政策的健身器材，然后去填充山西市场，最后取得了一番成就。

但是，要顺势首先应讲究避势。"势"反映了特定的条件下事物发展的必然性，不可抗拒。从上面所讲的意思看，一旦形成"势"，则会有强大的惯性，形成一种强大"动能"，如果逆势而行，肯定要倒霉的。

举一个例子，汽车刚起步时，发动机往往要花费很大的力，但是，一旦汽车呈高速行驶之后，具有很大的"势"，任何想迎面拦阻它的人都会被撞得头破血流。其实，形势的具体形态大致与此相同，所以，人生在遇到不利的强势面前，正确的选择是避之，不做无谓牺牲，不花费没有必要的代价。并且，在避势的时候要采取一种不露声色、不露形迹的低调姿态。

第七章
顺天时，审时度势创机遇

强大的楚军向西周借道，准备进攻韩、魏。西周的国君十分恐慌。这时谋士苏子对周王说："向我们借道，不能够硬抗，应顺着他的意图，将道路加宽，一直延伸到黄河，这样韩、魏必然会十分害怕。"

战国时期的战争牵一发而动全身，相对的，齐国和秦国也害怕楚国夺取九鼎，想要联合韩国和魏国来一起攻打楚国，合纵联合之后，楚国必然势单力孤，连自己的城池都自顾不暇，当然就没有精力取道西周了，最后，化解了这场危机。

顺势还应懂得待势。在形势不成熟的时候，不能盲目地采取行动，耐心地等待，等待机会的出现。中国有些老话，如"不到火候不揭锅""水到渠成""瓜熟蒂落"等就是反映了这个道理。

避完势，待完势之后应该就是求势了。这个思想是孙子提出来的。他说过这样一句话："故善战者，求之于势，不责于人，故能择人而任势。"

按照孙子这句话深入理解，求势的思想包括两层意思：一是要承认"势"的客观实在性，不能违背它，更加不能强求，不能异想天开地用不切实际的人为因素去取代它。要把眼睛盯在"势"上，而不要总是盯在人上。二是要善于借"势"，要借天时、地利和人和为己所用，改变自己在对抗中的不利地位，获得最终胜利。这一点，正是顺势思想的精髓。如果能够好好利用形势这种大的机遇，何愁成功不来。

顺势是要因利乘便，而其中的"利"与"便"，就在于你已经适应了形势，并且能牢牢把握住形势的发展方向，有了这样的先决条件，你才能发挥自己的才能，然后牢牢把握住机遇，因为只有厚积才能薄发，只有博观才能约取。只有顺应形势的变化，才能抓住稍纵即逝的机遇，从而取得更大的成就。

借势，也是抓住机遇的方法

人生成功没有捷径，但是有技巧，借势便是实现这一目的的技巧。借到了势，就像持有一张特殊的通行证，可以在前进的路上来去自如，畅通无阻。

先说商人，要把生意做大，借势是至关重要的。初来乍到，要想尽快打开局面，你要学会借用人家的"地势"；涉足一个新的行业，要学会借用行业老大的优势；

即便你想租用一个门脸，不借用当地居委会的"势力"也会麻烦不断。

再说人生，要想得到什么，没有形势的帮忙就是枉然，想要加工资等老板高兴的时候和公司盈利的时候，同时自己有能力的时候才能提，一个快要倒闭的公司，你缠着老板加薪，是个什么样的后果，想想就能知道。

对于借势成事的典型代表人物，在这里不得不再次提到胡雪岩，他实在是这方面的高手。胡雪岩深谙借势之道，除了善借官势外，他还精通如何借用商势达到自己赚取财富的目的。

胡雪岩借商场势力的典型一例是在上海，胡雪岩利用自己上海滩的生意，与洋人抗衡，再者他是华人，得到了广大人民群众的支持，最后取得了这场与洋人商战的最后胜利。

胡雪岩在做茧丝生意之前，就有了与洋人抗衡的念头。

做生意就是要人心齐，才能泰山移，有了洋人的横加阻拦，让胡雪岩感觉束手束脚，这就是他想与洋人商战的原因。

与此同时，他还想办法把洋庄都抓在手里，联络同行，让他们按照他的意愿行事。

至于想脱货求现的，有两个办法。第一，你要卖给洋人，不如卖给胡雪岩。第二，你如果不肯卖给他，也不要卖给洋人。要用多少钱，可以拿货来抵押，让他将来能比现在赚得多。具体如何去做，应因时因事而异。

在胡雪岩的第一批茧丝准备运往上海时，适逢小刀会起事，他经过多方打听了解到，两江督抚上书朝廷，因洋人帮助小刀会，建议对洋人实行贸易封锁。

只要官府出面干预，这批茧丝极有可能成为抢手货，所以这时候只需按兵不动，待时机成熟再行脱手，自然可以卖上好价钱。

要想达到这一目的，必须拥有控制上海茧丝生意走势的实力。

和庞二的联手使胡雪岩如愿以偿。庞二是南浔丝行的世家，在上海茧丝行业中堪称"领军人物"，占据较高的商业地位。胡雪岩知道此人的地位，就有了拉拢之心，派出善与人沟通的刘不才和庞二联络感情。

庞二知道胡雪岩没有多少背景，内心对他有些藐视，与胡结交之意并不太深。但是后来，胡雪岩在几件事尤其是涉及利益的重大问题上，表现出了惊人的魄力与非凡的智慧，这让庞二对其另眼相看。同时，胡雪岩又以利益作诱饵，还喊出了"不能让洋人在国人的地盘上赚钱"的爱国口号，以此诱使庞二与其合作，最终达到了目的。

庞二也是一位豪爽、诚信之士，认准了你是朋友，就完全信任你。所以他委托胡雪岩全权处理他囤在上海的茧丝。

借助庞二这把登天的"梯子"，胡雪岩在上海茧丝业结交了许多富商巨贾，再加上官场消息灵通，因此首次出场就打了漂亮的一仗。

这次商战的胜利，胡雪岩手中的资金从几十万一下子涨到了几百万。也就是从这个时候，他开始为左宗棠采办军粮、军火。

西方先进的丝织机已经开始进入中国，洋人也开始在上海等地开设丝织厂。胡雪岩为了维护中小蚕农的利益，利用手中资金优势，大量收购茧丝囤积。

洋人知道中国商界有位大名鼎鼎的胡雪岩是位爱国商人，他们要想在中国大范围地开拓市场，一定会受到胡雪岩的排挤，思前想后，他们决定搬动总税务司赫德前来游说，希望胡雪岩与他们合作，利益均分。

胡雪岩善于审时度势，心里已经想到禁止茧丝流入上海这件事不会太长久，搞下去很可能会两败俱伤，洋人自然受打击，而上海的经济也同样会受到打击。所以，自己这方面应该从中斡旋，把彼此不和谐的因素消除，叫官场相信洋人，洋人相信官场，这样才能把上海弄热闹起来。

但是得有条件，首先在价格上需要与中方的丝业同行商量，经允许方可出售。其次洋人须答应暂不在华开设机器厂。胡雪岩和中国丝业商量，而中国丝业也是胡雪岩旗下的，自然也就造势成功。如此一来，他就可顺利地实现他因势取利的美梦。

就这样，胡雪岩的商场形势已经完全形成。

胡雪岩是一个当之无愧的借势高手，仿佛世间的一切势力他都能与之扯上关系。在经商生涯中，他除了借助官势、商势外，还曾借助过"江湖势力"。

胡雪岩借取江湖势力是从结交尤五开始的。

王有龄初到海运局，就接到了漕粮北运的任务。漕粮北运涉及地方官的利益，督抚黄宗汉对此催逼甚紧，头一年还为此事逼死了藩司曹寿。

所有人都正为此事而着急，唯有胡雪岩一副不急不躁的样子。原来他早已胸有成竹。他说，只需换一换脑筋，不要死盯着漕船催他们运粮，这样做吃力不讨好，改换一下方法，即采取"民折官办"，带着钱直接去上海买粮。通过关系，找到了松江漕帮管事的曹运衰，漕帮势力如今虽已大不如前了，但是地方运输安全等方面，还非得漕帮帮忙不可。这是一股闲置的、有待利用的势力。如能有效地加以利用，一定会助自己一臂之力。

他又想到，各省漕帮为己所用，有了漕帮的关系，对王有龄海运局完成各项差使也不无裨益。而王有龄也觉得胡雪岩是个有力的臂助，和他一起做事不会让自己吃亏。

在与尤五打交道的过程中，他处处小心谨慎，一方面努力照顾到松江漕帮的利益，另一方面尽己所能放交情给尤五。加上胡雪岩一向做事有板有眼，说话特别留意，因此尤五对他信任有加。

在王有龄在任时，胡雪岩做了多批军火生意。负责上海采运局时，又为左宗棠源源不断地输入新式枪支弹药。如果没有尤五提供的各种方便和保护，胡雪岩恐怕寸步难行。

胡雪岩很注意培植漕帮势力，和他们共同做生意，给他们提供固定的运送官粮物资的机会，以及组织船队等，只要有利益，就不会忘掉漕帮。在官场中穿梭，胡雪岩深谙"花花轿儿人人抬"之道。借人之力，当然也要能把一己之力之势借与别人。

胡雪岩是借势的佼佼者，他懂得未雨绸缪，更懂得何人当用，何人不当用，他知道在自己的商业王朝中需要什么样的关系，怎么样去投其所好。通过一系列的借势，胡雪岩拉拢了各行各业的关系，对他们诱之以利，让他们心甘情愿地与自己为伍。通过种种的借势，胡雪岩最后把自己的商业推向了顶峰。

回顾胡雪岩的经商生涯，其取得成功的锦囊妙计就是善于借势，借官场之势、商场之势、洋人之势甚至江湖之势，总而言之，大凡一切可借之势，他都与之攀上了关系。胡雪岩经商的事例告诉我们：只有善于借势，善走捷径，才可能早日取得成功。

成功离不开借势，因为这是一个大的机遇，抓住它，然后用好，才是最为关键的成功之路。

善变，让机遇更加发挥作用

人的一生会发生很多的变化，"士别三日，当刮目相看"足可以说明人生的多变性，相对来说，机遇也是呈现多变的形态，所以想要抓住机遇，善变是绝对要学习的。如果只是"以不变应万变"，那倒霉的时间就快来临了。

善变并不是说一个人左右逢源，见风使舵，而是懂得具体问题具体分析，然后切中要害，一击必中。如果你居庙堂之高，必然会防范官宦显贵的排挤；如果你身处市井之地，必然会锱铢必较。

善变，是一种精明的审时度势，它要根据外在形势的变化，使自己做出相应的调整，从而摆脱危机，取得成功。谈到经商，拘泥不变、安于守成、不善借势是商家竞争的大忌；先知先变、审时度势、善于借势才是商家制胜的法宝。

美国汽车工业的龙头老大，全球最大的汽车制造商——美国通用汽车公司 (GM) 曾经有一段极为坎坷的历史，这段历史更是让我们体会到了罗杰·史密斯用善变来解决问题的独到之处。

通用汽车公司在刚开始的一段时间，在美国独占鳌头。但是随着20世纪80年代石油危机的爆发，世界原油价格开始第二次暴涨，石油的暴涨对汽车行业来说无疑是一个噩耗，尤其是对美国通用汽车公司，根本就没有任何节油措施，与此同时日本的一大批小型省油汽车乘机打进了美国市场，迅速占领了美国1/4的市场。这一年，通用汽车公司生产的小型汽车遭遇了大批退货，渐渐走向了衰落，如果再不做出关键性的调整，通用汽车公司极有可能破产。

就在此时，通用汽车公司的关键人物罗杰·史密斯出现了，他在1981年1月当选为通用汽车公司的董事会主席兼总裁。面对日本汽车的侵入，罗杰·史密斯深深感到了自己肩上的责任，于是，他化压力为动力，信心十足地走上了挽救通用公司的艰难之路。罗杰·史密斯清楚地知道，现在他就是通用汽车公司的希望，他决不能犯任何错误，如果出现问题，通用汽车公司极有可能会因为他宣告破产。

罗杰·史密斯首先去找了日本汽车公司，对他们领导人说利害关系，如果两家汽车公司强强联手，就能寻求更大的发展，这是一个让人惊讶的举动，充分展现了罗杰·史密斯的高明，他知道现在自己力量薄弱，只能借助日本公司才能帮助自己走出困境，于是，罗杰·史密斯当机立断，与日本汽车公司化敌为友，共同谋取最大利益。

但是在当时，罗杰·史密斯这一举措，受到了很多人反对，甚至有些人指责罗杰·史密斯卖国求荣，竟然与自己第二次世界大战时期的对立国合作，无异于与虎谋皮。通用汽车公司内部成员更是有些人反对，但是很快，罗杰·史密斯就用自己的成绩堵住了这些人的悠悠之口。

当然，与日本汽车公司的谈判是艰难的，在当时，日本汽车公司已经占领了美国市场，而通用汽车公司正处在销售业绩的低谷期，为了能让日本汽车公司同意合作，罗杰·史密斯甘愿降低成本，但是谈判还是一波三折，万幸的是双方的谈判取得了圆满的结果。谈判之后，又过了几个月，罗杰·史密斯和日本丰田汽车公司老总进行接触，两个人不仅谈成了合作，更是建立起了深厚的友谊，这就为两家公司以后的共同发展创造了有利的条件。自此之后，通用汽车公司开始转亏为盈，逐渐走上了复兴之路。

在这时，一边谈合作，一边提升自己的汽车性能，罗杰·史密斯开始研究是否可以制造出质量及价格能与日本车抗衡的小型车，为此，罗杰·史密斯提出了"神农计划"。因为罗杰·史密斯知道，和日本汽车公司的合作将在8年后结束，到时候，自己能不能重现通用汽车公司当年的风采全靠他自己了。

罗杰·史密斯宣布不续约，这让日本汽车公司感到非常惊讶，这说明，通用汽车公司已经走出了低谷，有信心打败占领美国市场很长时间的日本汽车业。其实，事实正是如此，罗杰·史密斯实施"神农计划"就是想把日本车企赶出美国的汽车市场，重现通用汽车公司龙头老大的地位。为此，罗杰·史密斯为通用汽车公司引入最尖端的技术与革新市场学的观念，制造出的神农汽车不仅价格低廉，而且性能也超出了日本汽车，牢牢控制住了美国的市场。为此，通用汽车公司投资35亿美元，在田纳西州的克田市投资建设神农汽车生产基地，每年能生产出50万辆汽车。

创新才是企业不断发展的动力，罗杰·史密斯也深知这一点，为此，神农汽车的装配线采用了最高端的科技，借助高效率装配技术实现多线分支生产，让汽车的侧边更加稳固。为配合这种先进的装配方式，通用汽车公司对汽车的运送弃用了很久的输送带，而以台车取代，台车有独自的一套车辆自动控制系统。"神农计划"把通用汽车公司所有需要的零件工厂集中在一处，可以在5分钟内补足缺货的零件。可以说，神农汽车的生产，完全摆脱了以前笨拙的人力生产方式，这在汽车行业具有非常鲜明的划时代意义。

然而，罗杰·史密斯还不满足，他又制订出了"土星计划"。罗杰·史密斯想研制出适合未来使用的最佳小型汽车，这一举措被通用汽车公司称之为"土星计划"，因为这些研制出来的新型汽车都打上了"土星"的烙印。而早在20世纪50年代，美国的太空计划赶超了苏联，土星恰恰就是当时美国第一颗卫星发射火箭的名字，罗杰·史密斯提出的"土星计划"的目的，就是为了全面赶超日本汽车。

"土星计划"生产的小汽车价格便宜、性能优良，以占领美国及海外市场为目标。为此，通用汽车公司为"土星计划"投资了50亿美元。罗杰·史密斯希望能通过产品革新使每辆小型汽车的制造成本降低2000美元，并且每年能够销售40万辆。罗杰·史密斯相信，在通用汽车公司的发展史上，土星汽车将是一个超越传统、大胆创新的榜样，因为，土星汽车的意义完全超出了与进口车的竞争范畴。

毫无疑问，罗杰·史密斯的这次革新是成功的。"土星计划"一开始就先声夺人，产生了轰动效应。"土星计划"的成功又为通用汽车公司提供了一次成功的管理借鉴。而且，在实施"土星计划"的时候，通用汽车公司不摆花架子，一直严把质量关，很快赢得了消费者的信赖。

随着国际汽车市场的不断发展，罗杰·史密斯也在不停地变化自己的思路，力求创新。他知道，在汽车市场，随时都有可能一失足成千古恨，他需要时时擦亮眼睛，把握住汽车市场的脉搏，从而更好地实现创新，更好地为通用汽车公司谋求发展。

不善变，是难以取得成功的。罗杰·史密斯不愧是个善变高手，是个名副其实的战略规划大师。商场局势千变万化，时而平湖秋月，云淡风轻；时而又电闪雷鸣，风云突变。企业家应认识到，任何一个企业要在商场中立于不败之地，首先要学会审时度势。

穷则变，变则通。善变，就是要在你应该采取措施的时候，作出正确的决策。一个好的变化，不仅可以发挥出自己的价值，更能给机遇提供最大范围的释放空间，从而创造更大的成功和财富。

借创意之势，得效益之果

生活中的创新是社会不断发展的动力，是个人成功的一种手段，我们不能说人人成为发明家，但是有了创意思维，你的机遇也来源于此，这样，成功的概率就会增加。

生活中的创意每个人都会有，关键是如何借助它，将它转化为效益和对自己有用的东西。会借创意之势，就必能得效益之果。社会发展到现在，大多数人都有一定的想法，在生活上趁机借势要求有敏锐的洞察力，而创新则要求有非凡的独创力，若能将这二者有机地结合起来，必能匠心独运获得成功。

"他们没有充足的时间和足够的金钱，来不间断地重复进行那些广告的内容。他们需要探索创新，以达到让观众在一瞬间感到惊叹，马上认识到该产品的优点，并且可以长时间记忆。"以上内容是美国著名的 BOB 广告公司的领导之一威廉·彭立所说的。

日本有家旅馆的宣传广告就很有创意。旅馆内贴的海报上面写道："亲爱的旅客您好！本旅馆后山拥有宽阔土地，环境幽静，专门留作为植树纪念的预定地，只要您有兴趣，就可以亲手种下一棵小树，本馆特派人做出如下服务：为此拍照留念，立下木牌刻上您的大名与植树日期。假如您再度光临时，这棵树苗已枝繁叶茂，相信您看后，一定会充满喜悦的成就感，那将是件多么高兴的事情，因为它是您亲手种植的；纪念性非凡，却仅仅收树苗费用日币 2000 元。"

这一吸引力的海报一经贴出，许多到此度蜜月和那些结婚周年纪念的夫妻，还有毕业旅游结伴而来的学生，人人都希望亲手种下一棵心灵上属于自己的树，来作为永久纪念。后山就种了满山的树，环境被整理得更加整齐雅致。旅客回家后，争相传颂这件事，有不少的人还常回来看看自己的杰作。自此，旅馆门庭若市，同时还带动了这个地区的观光事业。

以往旅馆的宣传广告，无疑都是介绍旅馆的硬件设施和服务等居多，但这家旅馆却别出心裁，用带有特殊意义的树苗吸引游客，这显然是非常有创意的。这一创意赢得了游客的心，旅馆的生意自然也就好了。

其实，这并不奇怪，世界上凭创新发财的大有人在。应注意，新意应因人而设，对于不同层次的消费者都要施展新招。在森林中搭起便携网床，吸引游客露宿；都市中人为制造一个恶劣场所，让人体验贫民生活，等等，都是创新立异之举，有的甚至创造死亡梦幻，让人进入阴间。诸如此类，举不胜举。之所以如此成功，一是抓住了消费者猎奇心理，二是满足了消费者的据有心理，广大消费者以此得到自己平常生活中不能得到的东西。

商人的智慧无穷无尽，为促进商品销售，什么花招都想得出，什么花样都想得上。比如，菲律宾的一家矮人餐厅，就专门聘请了矮人做经理和服务员，给顾客带来了新奇的体验。

菲律宾首都马尼拉市，开设了一家矮人餐厅。这家矮人餐厅上至经理，下至厨师、服务员都是清一色的矮人。他们最高的不过 1.30 米，最矮的只有 0.67 米。

当美国人吉姆初到马尼拉想在这里开一家餐厅时，却发觉这里餐厅林立、酒店如云，各家的竞争也十分激烈。当他的餐厅开始经营时，他也招了一帮年轻漂亮的姑娘和英俊的小伙子当服务员，这种做法和马尼拉市其他各家的餐厅没有多大差别，结果顾客越来越少。

吉姆整日冥思苦想，出奇才能制胜，可是又该如何出奇呢？一天，他在大街上闲逛，忽然，有一个大头小身子的矮人映入他的眼帘，吉姆注意到了这个矮人。于是他主动与那个矮人攀谈，要请这个叫做比鲁的矮人当自己的餐厅经理。

第二天，比鲁开始在吉姆公司打工，并且在报纸上刊登了一条招聘矮人的广告，待遇十分优厚，过了几天，应聘者纷至沓来，就这样，一支以比鲁为首的矮人队伍形成了。

矮人餐厅让顾客在好奇中感到温暖、舒服，在愉快的笑声中享受一顿美味佳肴。

在商海弄潮，如果没有自己的经营特色就很难立足。要想财源滚滚，就必须时时站在时代的潮流之上，一切以顾客为中心，在特色上做文章。

这家菲律宾矮人餐厅的确具有自己别具一格的经营特色。它聘用的工作人员全是身材极其矮小的服务员，这在马尼拉市所有的餐厅中，绝对是个奇闻怪事。正是出于这种强烈的好奇心，一睹矮人餐厅独特的风景，世界各地的人们纷纷前来这里光顾，愉快地享受特殊的服务。

现如今，人们都在说创新，但是真正的创新，是能够带给人实际效益的创意，这就需要在生活中不断地探索和实践。这种创新思维非常关键，知道什么能给自己带来帮助。犹如野外生存，如果没有创新思维，生命都可能有危险，成功也是一样，找到机遇，然后奔向成功，这种思维缺不得。

让特殊优势为机遇造势

大形势造就小形势，其中有一种比较特殊，就是三方交错，像是三国鼎立。举个简单例子，两个人打架，如果里面有你的仇家，你这个时候可以借着拉架的机会，揍他一顿，实现自己的报仇心理。当然精明者做得比较好，揍了他，他还得感谢你，如果不慎被发现，那么那个人可能一气之下跑过来揍你。

世界瞬息万变，每天都有无数的新现象、新事物，仅靠自己的头脑与智力是难于成就一番事业的。若能借助于一些特殊的优势，成功的机率就大大增加了。

《孙子兵法》中有专门阐述地形是用兵作战的辅助条件的内容——夫地形者，兵之助也。地形就可以成为"独特的优势"。运用得好，地形可以使军队如虎添翼，运用得不好，它就是兵溃战败的陷阱。

这种形势是客观存在的，现在主要说的是另一种形势，特殊的里面充满技巧的形势，这种形势是为了某种目的而自己造出来。如果这样解释仍然令你觉得难以理解，那我们不妨借助一个案例来说明一下：

在国内享有一定知名度的北京衬衫厂生产的天坛牌衬衫，其牌号可谓家喻户晓。北京衬衫厂并没有满足于国内市场的畅销，准备进军英国市场。这个厂的成功之处就在于没有被已有的优势冲昏头脑，他们并没有盲目地以天坛牌商标打入英国市场。调查了解到英国对这个牌号的产品相当陌生后，北京衬衫T进行了仔细地研究分析，发现一种品牌商标拥有特殊价值，就可以吸引顾客的购买热情。

但这是知名品牌的效应，如果打入一个新的市场势必要承担一定的风险。因此该厂决定不以天坛牌商标进入英国市场，而是采用英国消费者所熟悉的当地销售商的商标，以当地著名的商标吸引消费者的注意，然后再以优质的产品引发顾客的购买兴趣。当顾客对天坛牌衬衫的质量加以肯定的时候，销路打开，再以自己的商标占领当地市场。这一招的确有效。没用多长时间，天坛牌衬衫就以英国人所熟悉的商标在当地打开了销路，还在用户心目中树立了天坛牌的形象。天坛牌衬衫顺利进入英国市场后，该厂又以此种"战术"进入其他国家。

借不同国家的地域优势，实现自己闯入国际市场的愿望，这的确是一种巧借之道。除了地域的优势，抓住特殊时机来发展也是不错的选择。当年，犹太人罗斯·查德就是这样成为富翁的。

罗斯·查德是犹太人，他是知名的欧洲富商之一。他曾借拿破仑对外发动战争的特殊时机，收买了法国军队的最高司令，大做军火生意。他还玩"两边好"的政治游戏，敌对双方的钱财他都装进了自己的口袋之中，在双赢的情形下，获取高利润，聚敛财富，积累资本，借此为创业打下了坚实的基础。

在战争时期，所有人感受到的都是恐惧，甚至对战争充满了厌恶感。可罗斯·查德却从中发现了做军火生意的机会，我们不得不佩服他的胆识，更不得不佩服他的聪明才智。当然，有时候，特殊的政治形势也能成为可借之势，我们再来看一则故事：

阿拉伯商业体系会就受到王室政治的重大影响。大家都明白，中东的西方商人，参加一些小型项目的招标会，凭自身的智谋和实力还可以，而角逐1000万美元以上的高利润订单，就必须借助王室的力量。每个投标公司会及时联系一些有权有势的亲王，借助他们暗中游说出力，或者直接充当投标代理人。亲王们会借助本人在王室中的威望与在政治上的权力，博得招标领导的好感。其实，这种合同招标领导组是由国王与重要亲王构成，也就是说竞标会实际上就是王室内部的较量。最终谁能取胜，关键是看谁的"门子"大。

他们为什么要帮助身无分文的穷政治家们呢？难道精明的商人是一时糊涂或者是发善心吗？不是。帮助政治家，是为了利用政治为他们赚钱服务。目前各国的总统、议员或是州长竞选，必须依靠各家公司及众多大财团捐款赞助。

事实上，没有一位捐款者是把钱扔进集资箱就觉得将事情做完，而是借此留下名，借这些竞选活动大肆宣传，以提高自己的知名度，其实是变相的广告。这种捐款活动也如同做生意投资，任何一个捐款者所捐助的对象都是自己认为最有实力竞争成功的。一旦捐助对象竞选成功之后，自己还能得到执政者的"宠爱"，为日后开展商务活动亮绿灯。

其实，现实社会中，没有绝对的政企不相关。比如，许多商业活动不会一帆风顺,时常会碰到一些麻烦事:对方有违约或是其他行为,打官司是在所难免的。此时,就得有政界人士出面帮忙了。其实,该国家由谁来统治,其有关商业政策的某种倾向都将对商人的利益造成直接影响。商人所支持的政党及人士,自然会尽量帮助为自己"掏过腰包"的商人。这种独特的优势可是不能不用的。

管子曾提出"借他人之利以为己利"的观点。古人都有如此开明的思想,何况21世纪的我们呢?借助自己的特殊优势,想办法造势,如果自己遇上譬如"螳螂捕蝉,黄雀在后"的形势一定要好好加以利用,关键的时候,也应该为自己造就有利的形势,为自己的成功奠定基础。

创造"超流行"机遇

机遇是可遇不可求的,当你把握住机遇的时候,请不要轻易放手,因为有了机遇的陪伴,你可以用最短的时间实现最大的价值。诚然,如果你不懂得如何利用机遇,那么,你将永远不知道机遇给你带来的人生价值。

英国文学家劳伦斯说过,不要有怀才不遇、生不逢时的想法。只要你是锥子,哪怕是放在口袋里,年长日久,也会冒出尖来。是的,只要你有能力,并且随时做好迎接机遇的准备,当然也要学会如何行之有效地去利用机遇,那么成功就会属于你。但是当机遇敲门的时候,你要是犹豫着该不该起身开门,它就会去敲别人的门了。

看看那些明星,被采访的时候从来都是不用自己花钱买衣服的,全部是赞助商提供,上到发型,下到脚上穿的鞋子……商家在没有机遇的时候,才会在恰当的时机创造这种机遇,看看那些千奇百怪的代言,八竿子打不着的明星和产品,愣说用了效果非常好。看看脑白金的广告,即可知道造势是个什么概念。不管相信不相信,先用广告把你轰炸到无奈。名牌香烟万宝路之所以闻名于世,广告发挥了不可小觑的效用。

在全球的烟草行业中,生产万宝路香烟的菲利普·摩里斯公司可谓是霸位巍然。在全球烟草行业的生产销售都不怎么景气的情况下,他们却节节攀高,1991年的销售额达到了创纪录的94亿美元。

曾有人说过:如果一个美国人打算变得欧洲化一点,他可以去买一部奔驰或宝马;如果一位欧洲人想美国化一点,他穿牛仔服、抽万宝路香烟就行了。所以他们

第七章
顺天时，审时度势创机遇

说"万宝路"已经不是一个企业的品牌，而是美国文化的一部分。不管是幸运或者说是机缘，当在 F1 赛车道上看到"万宝路"标志时，当在足球场上看到那些精英大腕们为"万宝路"的某一项赛事忙得不可开交时，谁都不会怀疑"万宝路"是世界第一品牌。

可谁能想到，名牌香烟万宝路能有今天，竟然是借了美国人追求牛仔形象的时尚。

烟草生产商菲利普·摩里斯是个善于观察周围事物的人，所以这一现象没能逃出他锐利的眼睛：年轻妇女喜欢一边悠闲雅致地叼着一根香烟，一边注意自己的红唇，并掏出唇膏来涂抹因吸烟蒂褪色的红唇。摩里斯因此立刻生产出一种红烟嘴、细烟杆、烟味绵软、包装精美的女士香烟来，取名万宝路，寓意是"男人总是忘不了女人的爱"。

摩里斯期待着奇迹的发生，结果事与愿违，摩里斯的期待没有实现，新型香烟不得不在尴尬中收场。

后来，美国遇上经济萧条的大潮，在此期间摩里斯也深深地认真反思过。女人天生爱美，所以香烟市场在女性市场一般是极难开展的。

当西部牛仔的形象被人们普遍欢迎时，摩里斯就将万宝路香烟的香艳脂粉气换成了铁骨铮铮的男子汉形象。开始是由马车夫、潜水员、农夫做广告，最后注意到美国牛仔的身上，就这样，一个目光深沉、皮肤粗糙、赤裸着胸膛、歪戴着牛仔帽、多毛的手臂上举的西部牛仔，指间夹着一根万宝路香烟的成熟男子形象便跃入了美国人的眼帘和脑海中。

这种铁汉形象，立刻撼动了烟草市场，这种香烟于 1954 年问世之初，即取得了令人吃惊的销售战果，从而带来了巨大的财富，而且一跃成为美国十大品牌香烟，15 年后，它的市场占有量竟出奇地上升到全美同行的第二位。

尽管如此，摩里斯仍不知足，他想打败市场销售量居第一位的云斯顿牌香烟。于是千方百计地去找形象代言人以及论证专家。

摩里斯把这个任务交给了自己的伯内特广告公司，要求这位广告形象代言人要充满原始的野性和刚毅。所以就要到最偏僻的农场去物色原型，而决不采用那些出名的影星或者模特。

直到 1987 年，广告公司的一位创作师克罗木终于发现了一名真正的牛仔，不完美之处是略胖了一点，而且留了小胡子。经过一番包装后，菲利普公司为其投上了近乎天价的广告费，最终树立起了"哪里有男子汉，哪里就有万宝路"的品牌形象，而摩里斯的烟草公司及万宝路香烟，也同那粗犷豪爽、纵横驰骋、四海为家的牛仔形象融为一体了。

如今，万宝路香烟已经把云斯顿香烟彻底打败了，它每年在世界上销售香烟竟多达 3000 亿支，这需要用 5000 架波音 707 飞机才可装运得完。

世界每时每刻都在发生着变化，可是人的思想是否也同样地发生着变化呢？回答是肯定的。摩里斯的思想是先进的，他巧妙地借用了"牛仔"这一广告形象来创立"万宝路"的特殊形象。因此，他获得了成功。这就是一种创造机遇的行为，也是一种造势的行为。

就像街头的乞丐，先要弄一身破衣服，再编一段痛苦的经历写在地上，以博得人们的同情，然后好多收几个钱。这虽然不算成功，但是如果没有这些包装，他很可能要不来一分钱。

造势的大小决定收益的多少，但这也是一种机遇，有一定的风险性，假如乞丐做了很好的扮相，却走到没有同情心的地区，不但要不来钱，可能还有被揍的风险。

人们常说"引领潮流"，实际上，引领潮流的前提是把握潮流的方向，先顺应潮流。时尚并不是无中生有的，它往往依附于某种事物而存在。聪明的人，善于预先觉察时尚和潮流到来的迹象，从而借时尚为己所用。更为精明者是自己创造时尚，其实每一股潮流都会有背后的操作者，看看现在的孩子们，就知道，明星确实有这种造势能力：看看衣服上那些千奇百怪的挂饰，看看每一个新头型的诞生，标新立异是固然的，但是你必须是有影响力的人物。

再说环境，看看人们能不能接受这种种潮流，和时代有关，这需要能力，更需要勇气，创造这种机遇的背后，是成功和财富。

第八章
应地利，风水宝地造机遇

人生的地利因素，相对于天时来说，更加具体，更加具有实用性。每个人都不可能脱离周围的环境，如果能够驾驭环境这个"大机遇"，就等于近距离握住了成功之手，掌控地利，人生无论在哪个阶段都将是无限的精彩。

地利是机遇的"温床"

适合自己的环境被称为"地利"，为了抓住机遇，找到适合自己的环境犹为重要。环境是一个客观因素，比如你生在中国，长在中国，那么中国的文化与环境在你的骨子里早已经根深蒂固了，这就是你的地利，你可以不用去过多研究，就可以知道中国人需要什么，愿意接受什么……自然而然地，你就可以想出自己应该去做什么。

为了能够更好地获得机遇，要观察周围的环境，这种环境对自己的影响最大，想在别人的地盘上"插旗"是不容易的事情，一方水土养育一方人，外地人想要立足就会变得非常困难，这就好比人们常说的"没有根"。

失败的人很容易相信命运，相信捉摸不定的运气，其实说穿了，那只是表示自己不能控制命运罢了。考虑一下环境的要素，为什么自己在这里就这样倒霉呢。这和大环境是分不开的，你所擅长的一定要找到合适的地利因素。就像很多人常说的那样："是虎就要上深山，是龙就要下海洋。"脱离了适合自己的环境，就没有了表现的机遇和条件。"虎落平阳被犬欺"，一个人如果没有找到适合自己的环境，同样也会很被动。

一定要寻找适合自己的环境，因为客观条件已经摆在你的面前，下面要做的就应该由你来把握了。

看一个环境是不是适合自己也要从几方面来看：第一，自己所学的是否和环境中的热门相符；第二，自己的能力能否在这个环境中得以施展；第三，这个环境是不是正处在成长阶段。这三个因素是寻找适合自己的环境的必要条件。

可能很多人会觉得，自己所在的环境缺少机遇，但是要知道，环境影响机遇，但不决定机遇。耶稣出生在一个村庄，一生没有出过方圆百里的区域，但是，个人心性的修炼，使其成为基督世界的上帝，影响了千百代人；孟母三迁的确有一定道理，但是范仲淹当年告别母亲，去寺庙苦读，依然取得了功名。环境本身，只是作用于外的机遇，知道如何成功的人，才会发现它。

地利不仅是机遇的温床，更是一个人成功的关键，当二者兼得的时候，不要停下你的脚步，要继续为了自己的梦想奋斗，实现自己的人生价值。

地势与机遇互为因果

每个人都有一个特定的生存环境，环境和命运之间互为因果。这种关系千万不能小视，它和你的机遇息息相关。

"虎父无犬子""将门虎子"足可以说明环境的重要性，关系是什么？因为爹是老虎，所以儿子也是老虎，因为爹是将军，儿子肯定是将军的材料，当然，不是绝对的，"富不过三代"等着呢。

就说机遇和环境的关系，我们没有能力去创造一个环境，但可以去选择一个适合自己的环境。这种环境要靠自己来寻找，找到之后，机遇就会源源不断地到来。曾经看过这样一则故事：

古时候，一位秀才赴京赶考，但是妻子快要临盆。留她一人在家中自己也不能安心，于是决定带着妻子一同赶考，希望能一起到省城之后才生产。一路旅途劳顿，也许是动了胎气，妻子在半路上突然肚子痛了起来，眼看马上就要生产了。

沿途人烟稀少，罕见人迹，这让秀才非常着急，走了一段路之后，才找到一户人家，秀才马上去敲门，无巧不成书，这家人以打铁为生，铁匠的妻子也正要生产。

过了一会儿，秀才的妻子和铁匠的妻子都分娩完毕，都生下了一个男孩，这两个孩子是同年同月同日出生的。

16 年之后，秀才的儿子长大了，也考上了秀才。老父亲大喜之余，想起当年铁匠帮助自己之恩，就带着一些礼物，去看望了多年未见的铁匠。

老秀才赶到了铁匠家，看见铁匠正在门口坐着，屋内有一个少年，正忙着打铁，老秀才忙问，铁匠的儿子哪里去了？

老铁匠指了指屋内的少年，说道："那就是我儿子，他一直就在这里打铁哪里也没去。"

老秀才感到非常诧异："不应该呀，你儿子和我儿子生辰相同，八字也是一模一样，按理来说也应该是个秀才呀？"

老铁匠大笑道："他从小就跟着我打铁，大字也不认识一个，怎么可能去考秀才啊？"

两个同年同月同日同时出生的人，按命理学说生辰八字相同，命运也该一样。可结果呢？很明显，秀才的儿子又成了秀才，铁匠的儿子还是铁匠。这就证明，人的命运不是天生注定，而是每个人身处的环境，以及后天的努力造成的，只有不断寻找，机遇才会降临。若是守株待兔，那么等来的也只有失望。

现实的社会，穷与富之间，是两种截然不同的生活环境。穷人每天谈论着打折商品，交流着节约技巧，这样虽然节约了，但却局限于自己的圈子，大大阻碍了自己的视野。如果你这时说出自己的远大理想，人家都以为你在开玩笑。穷人生活在穷人中间，久而久之，心态就成了穷人的心态，所做出来的事自然也就是穷人的模式。因此，穷人若想要跃上富人的台阶，就必须首先和自己的那个穷人阶层说再见。

环境对于人来说，是潜移默化的，你无法选择你的出身，但却可以选择你的未来，用你的努力来改变自己的人生，让世界因你而与众不同。

所以，请慎重选择自己的环境，庄稼地里固然有杂草，但是极为少数的，为了成功，请注意这个因果关系：因为想要机遇，所以请到机遇群居的地方去。

到有机遇的地方去

经常听见这个词，叫"圈内人"，也就相当于"自己人"的意思。如果不是"自己人"，当然是路途艰难，打不进这个"圈子"内部，自己无论怎样努力，也只不过算个散兵游勇，要想成功，也只有在梦中。

当然，环境不能决定成功与否，到成功人堆里也不一定能成功，但是等待机遇，一定要到有机遇的地方去。

一个人的思维和气质常常是由他所从事的工作、所处的环境打磨而成的，当然，这不是他刻意为之，而是这个环境中的人和事，培养出了一种个人风格。古语云"鸟随鸾凤飞腾远，人伴贤良品自高"大概就是这个道理。

每当严冬来临，有的动物吃饱喝足，躲进洞穴，睡着觉，就把最为困难的时期熬了过去。而另一些动物却成群结队，远走高飞，到另一个地方过冬。两种动物，两种不同的智慧，前者立足忍耐，相信时间能改变一切；后者却坚守自我，以空间的变化来达到目的。

一个人能够坚守一个行业一个地方，相信会有所成就，并在这个领域成为德高望重的人；如果他不停地迁徙，或许也会有更多的机遇，也同样能取得一定的成就。但现代社会的开放性，每个人都有更多的机遇，如果你没有去尝试过，你就不知道自己的潜能，不知道是否会有更好的前途。著名作家大仲马的名字很多人都知道，但他从一名书记员成为文学作家的经历，却鲜为人知了。

在奥尔良公爵府上做书记员的大仲马，用业余时间写出了《亨利第三和他的宫廷》。兰西喜剧院不在乎剧本可能招致的政治冲突，排演了这个戏。

第二天，消息传到了公爵总管勃洛瓦尔那里，勃洛瓦尔以不务正业为由，让大仲马到办公室见他，对话的重点是：让大仲马在剧作者和书记员两种职业中选择。

面对这样的选择，大仲马不卑不亢："我不会辞职的。至于我的薪水，如果那每月 125 法郎对于你是一种负担的话，那么我可以放弃。"

大仲马冷静地结束了这次离职对话。后来，他的薪水停发了。他很清楚一旦丢了工作，对自己意味着什么？但为了心爱的创作他毅然放弃书记员的工作。

幸好，巴黎是个珍视文化的城市，后来，在朋友的帮助下，身陷困境的大仲马与一位银行家谈妥，用剧作的一个副本作抵押，贷款 3000 法郎，并保证剧本上演后将本息一次还清。这桩交易使大仲马绝处逢生。

由于大仲马巧妙地自荐，《亨利第三和他的宫廷》在法兰西喜剧院首演，新式剧情便不断赢得热烈掌声。

演到情节过激的第三幕，全场观众兴奋得欢呼。当剧终宣布剧作者的姓名时，全场起立向大仲马致敬。

当时的《世界报》评价说，这是一部独创性的戏剧。传统戏剧只向古罗马、古希腊讨题材，拘于理性图解和内心分析，而大仲马打破了这一沉闷的模式，将悲剧喜剧如真实生活那样融为一体，思想内涵充实深刻，情节起伏跌宕创造了全新的戏剧观念。

别开生面的《亨利第三和他的宫廷》，在演出的第二天就被一个书商以6000法郎买走了出版权。那个曾反对大仲马创作的总管向他表示了歉意，后来，大仲马还因此被奥尔良公爵破格聘为图书馆馆员，这是一个只授给久负盛名人士的职位。

在这里，大仲马独自享用一个宽敞的工作室，可随时翻阅丰富的藏书，他如鱼得水，开始了一直想要的文学创作生活。

大仲马的成就是以"砸了饭碗"为"本钱"换来的，这可以说是个人与环境的生死较量，结果反而起死回生。所以，生活中有些"禁区"并非如想象的那样可怕，真闯进去反而会可能遇到"柳暗花明又一村"的景色。

"环境会给每个人打上烙印"。一个人对自己的评价常常不是基于对自己的认识，而是随别人对自己的态度。当别人认为你是重量级的人物时，你也就不知不觉气宇轩昂起来，而当周围的人都觉得你无足轻重，你自己要么畏缩，要么激愤，却难有大度雍容的气魄。

人生的环境就如一条奔流不息的大河，河床地形复杂，水流速度、方向、形态千变万化，险要处水流湍急，直泻而下，宽阔地带水势平稳、沉缓，并时有逆流、旋涡，但最终是汇向大海的。所以，对于人生，最为明智的做法是，理顺自己与社会的关系，找到适合自己进步的环境作为发展的基础。

如想成功，就到机遇多的地方去，这是非常现实的问题，多方考察，认真思考之后，来选择这个地方吧。

找到自己的"风水宝地"

孙子兵法《三十六计》中有一计为最高明的一招：走为上计，主张在战斗不利于己，且暂时无力扭转局面的情况下，要引兵退却，脱离险境，保存实力，等待良机。这一招对于机遇来说，也同样适用，如果在一个地方找不到自己的机遇，不妨换个地方试一试，避免自己遭遇全军覆没的危险。

走为上计的方略，对于人生的具体表现是"改换门庭"：更换单位，从甲地、甲单位转往乙地、乙单位。也可以这样来说，懂得兜圈子、绕道而行的人，往往是第一个登上山峰的人。

我们应该学会四处走一走，不一定要离得很远，这样你就会发现许多新的机会在向你招手……

人生之路难免存在选择，选择是为了更好的进步。没有一个人说选择是为了变得更穷，变得更加失败，既然要选择，就一定要"我选择、我喜欢、我适应"。当年，杨振宁就是遵循着这一点获得了成功。

物理学家杨振宁在早年赴美留学时，就立志要写一篇实验物理论文。他的朋友费米推荐他到艾利逊的实验室去做实验，可是事与愿违，杨振宁不善于动手，他做实验的 20 个月，实验中经常发生爆炸。以至于在当时，实验室里流传着这样一句话，"哪里有爆炸，哪里就有杨振宁"。

在此时，杨振宁清醒地认识到，自己的动手能力比别人差，觉得做实验这件事情不适合自己。

这时，一直十分关注杨振宁的泰勒博士找他谈了一次话，并且建议他先写一篇理论论文，没有必要坚持写实验论文。

听完泰勒博士的话后，杨振宁心里十分复杂，认真思考了两天，终于决定放弃做实验。

于是，杨振宁把主攻方向转向为对理论物理的研究。最终，在 1957 年 10 月，杨振宁和李政道共同获得了该年诺贝尔物理学奖。

杨振宁动手能力差，不适合做实验，为此他果断地作出了放弃，进而转向理论研究。事实证明，他的确有这方面的天赋和才能，也正是因为他选对了方向，所以才获得诺贝尔物理学奖。如果他当初执意要钻研实验，那么他恐怕很难获得如此殊荣。

对于机遇，常常听到这样一句话，"山不过来，我过去。"不要被熟悉的方寸之地束缚住，因为你是自己的主人，要为自己谋划出路，不要计较一时的得失，要执著地去追求自己的梦想。

有人曾经说过："生命中有四种运动形式爬、走、跑、飞。各有各的用场，各有各的优点。"

该爬的一定要爬，该走的一定要走，该跑的一定要跑，该飞的时候，一定要一飞冲天，直达云霄！

迷路的蜻蜓在房间中拼命飞向透着光明的玻璃窗，因为它想要回到大自然当中去，但每次都会碰到那道看不见的玻璃，后果很严重，它必须在上面挣扎好久，才能够恢复神志，然后在房间里绕上一圈，再鼓起勇气向那扇玻璃窗上飞去……

其实，窗户旁边的门是开着的，只因那边看起来没有这边亮而已，它从来就不想去试试那个方向，还是向着没有开启的"窗户"百折不挠地努力着……

为了达到目标，暂时走一走与理想相悖的路，正是智慧的表现。事实上，人生中是没有几条便捷的直达路径可走的。

对于成功，需要勇气，而不是那种匹夫之勇，不要像那只固执的蜻蜓。请运用你的智慧吧！具体表现是：可以暂时屈就你所不喜欢的职业，然后慢慢摸索自己的人生出路，不要因为任何事情而影响你的人生轨迹，也用不着在意周围的人怎样批评或嘲笑你。

法国作家勒农说："你不要焦急！我们所走的路是一条盘旋曲折的山路，要拐许多弯，兜许多圈子，我们时常觉得好似背向着目标，其实，总是越来越接近目标。"人生也是如此，如果在一个地方没有希望了，换个地方也许又是一片天空。

开拓出自己的地利

如果你没有地利的先决条件，那么你要去努力地开拓，因为生活不是你的父母，不会让你衣来伸手饭来张口，你要学会用自己的双手去开拓出属于自己的那一片疆土。

当地利没有选择你，你要学会去创造它，当然，这就需要你付出比别人更多的努力。世上不知道有多少人，都因为把难得的机遇放过而碌碌无为。只要你愿意为了你的梦想去奋斗，不浪费时间，你每天都是在向你的目标不断接近。

你也许无法选择天时，但是你可以创造地利。当你面对一个选择的时候，走过去，未必只有荆棘，也许是一片柳暗花明。机会只留给有准备的人，地利又何尝不是如此呢？只要你愿意为了创造地利去努力，你就是下一个成功者。

地利最主要的体现行业就是房地产，因为这是机遇与地利最好的切合点。当你选择在一个地方去建房的时候，你就要明白，这里的房子是否供不应求？这里的居民能接受什么样的户型？当一系列问题摆在你面前的时候，你就不会埋怨没有机遇，而是要反省自己为什么没有剥茧抽丝地去思考。

其实，任何地方都可以是福地。"斯是陋室，唯吾德馨。苔痕上阶绿，草色入帘青。谈笑有鸿儒，往来无白丁。……孔子云：何陋之有？"面对地利，如果我们思考的问题多了，懂得如何去变通，如何去思考就是好的，就是对的。

开拓地利，要具体问题具体分析，有的房地产商虽然开拓了地利，却迷失了方向。不少房地产观察人士分析，老一批本土企业逐渐淡出市场，正是由于在行业发展过程中迷失了前进方向，逐渐丧失了本土优势。而这些所谓的优势，却正是万华地产、蓝光地产、置信地产、森宇集团、国嘉地产、远鸿房产、高新置业、武海地产八大本土企业品牌得以在过去十年中崛起的基础。

如果机遇没有选择你，请以平常心对待，因为我们还有地利；如果地利也没有选择你，那么请你开拓地利，让自己采取主动，让自己迈出第一步。也许你和成功有一千步距离，当你迈出第一步的时候，也许成功就会向你迈出剩下的九百九十九步。

善于利用地利，才能声名鹊起

善于利用地利的人，无疑是精明的人。因为他懂得先占据自己的一席之地，然后再谋发展。

回首历史，每一个成功者不仅有天时，更有地利，比如采石矶之战的虞允文，大别山之战的刘伯承……他们都是凭借占据地利取胜，狭路相逢不仅勇者胜，占据地利的人更能取胜，如果你居高临下，取胜也就成了自然而然的事情了。

采石矶之战是一场中国历史上有名的以少胜多的战役，金国统帅为金海陵王完颜亮，南宋主将为虞允文。虞允文在绍兴三十年（1160年）奉派出使金国，见该国大事战备，回国后就奏请朝廷加强防御。次年，完颜亮率60万军队分四路入侵，他自己带领的一路约10万兵马于同年11月抵达采石矶对面江岸，跟宋军隔长江对峙。

第八章
应地利，风水宝地造机遇

据记载，当时形势危急，江北完颜亮高踞在高台"黄居"上，杀白马祭天，准备次日渡江。而江南的宋军却正因"易将"而军心涣散，"我师三五星散，解鞍束甲坐道旁"。虞允文毅然负起守卫重任，刚部署完水陆军队，完颜亮操小红旗率数百艘船绝江而来，瞬间，抵南岸者艘，直薄宋军。

虞允文勉励身旁的勇将时俊应战，时俊立即挥舞双刀冲向金军，大队宋军跟着向金军冲杀。金军后退，宋军用"神臂弩"射击敌船，致大批金兵死于江中。逃回去的金兵也被完颜亮"悉敲杀之"。次日，完颜亮又来侵犯，被宋军焚毁战船300艘，大败而去。

金军在淮北的主力基本被歼，完颜亮又向宋军施用反间计，也被虞允文识破。完颜亮恼羞成怒，率领部队去瓜洲渡，想从这里渡江夺取京口。虞允文率万余军队赴京口增强防御，并将马船改造成战舰。完颜亮在瓜洲渡发布军令，实行连坐法；军士逃亡则杀部将，部将逃亡则杀主将，以致人心浮动，导致11月2日黎明他在帐中为部将所杀。不久，全部金军都铩羽而归。

中国占据地利以少胜多，以弱胜强的战役不胜枚举。这就说明，在中国人的思想里，地利占据着重要地位，虞允文就是善于利用地利，退金兵，守宋廷，最后取得了胜利。

如果你拥有了地利，要善于利用它，分析如何利用它，才能把它的价值发挥到最大，只有知己知彼，才能百战不殆，如果拥有了地利，却不能加以利用，那么金子也就成了废铁。

中国古代杰出的农学家贾思勰就曾说过："顺天时，量地利，则用力少而成功多，任情返道，劳而无获。"这就要求我们顺应天时，裁量地利，根据规律办事，那么用力少而成功却多，如果放纵情欲违背大道，就会劳动而没有收获。君子性非异也，善假于物也，只要善用地利，那么你将向成功迈进一大步。

第九章
借人和，抓住"贵人"和机遇

> "好风凭借力，送我上青云。"这个力可以是外力，可以是贵人。要想采摘成功的果实，不仅需要勤奋苦干，而且还需要借助外界的力量，尤其是贵人的力量。如果贵人给你一个阿基米德支点，你也可以撬动整个地球！贵人的帮助，可以使你顺利到达成功的彼岸。

为"人脉存折"多多储蓄

人脉的重要性不仅是体现在互相帮忙，其实，人脉就是赖以生存的人际关系网络，在追求成功的过程中，如果能够好好利用它，它就能为成功播下希望的种子，在适当的时候，就会收获到意想不到的果实。

人脉说白了也是机遇，储蓄人脉就是储蓄机遇，但是人脉的积累过程也是自身完善的过程，不能一边喊着要人脉，一边对身边的人拳脚相加。

如何拓展周边的人脉，是一门很重要的学问。对周围的人至少要保证不刻薄，刻薄是柄双刃剑，你对别人刻薄，那么别人必将以牙还牙。将心比心，当你受到别人的刻薄对待或歧视时，也一定会闷闷不乐一样。

当我们有了一定的朋友之后，就要加深对朋友的了解，那些损友坚决不要交，因为他们不但给你带不来机遇，还会给你的人生带来很多"危险"的因素。

希腊有句谚语，"原谅别人，才能释放自己。"借着宽恕，你释放了牢里的犯人，而那些犯人，可能就是你自己，一旦你能将往事忘却，原谅过去的不公，你的生命将为你打开新的局面。正如"笑弥勒"给人的印象："大肚能容，了却人间多少事；笑口常开，笑尽天下古今愁！"果真如此，则"眼前一笑皆君子，座下全无碍眼人"了。"笑弥勒"能如此，常人也能如此。而且，能够做到这一点的人，往往更容易获得他人的欣赏与敬佩，为自己赢得更多的机遇。

第九章
借人和，抓住"贵人"和机遇

一位将军行事十分刻薄，而且非常粗鲁；他手下有位士兵则是虔诚的基督徒。

一次，他们在野地扎营，临睡之前，这个士兵仍像往常一样跪在睡袋边祷告。将军看见了，脸上挂着轻视的笑容，为了好玩，顺手脱下肮脏的靴子向他丢过去，他略受惊吓之后，看了一眼靴子，仍然继续祷告，祷告完了之后，就躺入睡袋。

第二天早上，将军刚起床，就发现他的靴子被擦得非常干净，整整齐齐地放在了床边。士兵的以德报怨，让将军彻彻底底改变了生活的态度。

虔诚的士兵面对刻薄的将军，没有表现出恐慌和怨恨，他仍旧笑面一切，并将那双"伤害"到自己的将军之靴擦得干干净净。这样的举动既令人感叹，又令人动容。有句话说得好："爱人者，人恒爱之，敬人者，人恒敬之。"当你对别人好的时候，别人也会以同样的态度对你，当你对别人不好时，别人一样会如此。"予人玫瑰，手有余香"，在社交上就需要多一些爱，才能让更多的人成为朋友，朋友多了，路自然就会好走。

当然，并不是所有的朋友都会给自己带来机遇，但是首先应该真诚地对待他们，其次再从里面挑选出一些能给自己带来机遇的朋友，更加亲近，这才是储蓄人脉最为关键的手段。

对手也可以变成朋友

对手是那些正当竞争的朋友，其实，对手和敌人是很有相似性的，两个人或者若干个人为了一个目标像是两个门派的英雄，为了门派之争不得不成为对手，但是双方对彼此也存在惺惺相惜的感觉。

其实，就算是对手，也可能彼此为对方创造机遇。

李嘉诚曾经说过："人要去求生意就比较难，如果生意跑来找你，那么你就比较容易做。但是如何才能够让生意主动来找你呢？我想这就得靠朋友。至于如何结交朋友，那就要善待他人，且充分考虑到对方的利益。"

善待他人，做朋友不做敌人，李嘉诚就是这样的一个人，他对朋友特别真诚，他和朋友能够交心，在商海这片广袤水域里，谁都难免触礁，但只要把同行者当作朋友，当你触礁的时候，就会有人伸出援助之手，当与你同行的人都成为你的朋友的时候，你的成功之路将会变得越来越平坦。

曾有一期李嘉诚的专访，主持人问李嘉诚："俗话说，商场如战场。经历那么多风雨，您为什么对朋友，甚至商业上的伙伴，都十分坦诚？"

李嘉诚答道："一个人最重要的是要有勤劳、节俭的美德，是要节省你自己，对人却要慷慨。讲信用，够朋友。这么多年来，差不多到今天为止，任何一个国家的人，任何一个省份的中国人，跟我做伙伴的，合作之后都会成为我的好朋友，从来没有因为任何一件事闹过不开心，这一点是我引以为荣的。"

只有多为对方的利益着想，人家才会想继续和你合作，且期待着下一次的继续合作。追随李嘉诚多年的洪小莲在谈到李嘉诚的合作风格时，说道："凡与李先生合作过的人，哪个不是赚得盆满钵满？"

在一次救业大行动中，李嘉诚做出了一个惊人之举：他将长江公司的库存原料匀出 1243 万磅，以低于市场价一半的价格卖给了等待救援的会员厂家。在直接购入国外厂商的原料后，他又把长江本身的配额——20 万磅，以购入价格转让给了需要量相对较大的厂家。

在危难之中，受到了李嘉诚帮助的厂家多达数百家。因此，他也被人们称为香港塑胶业的"救世主"。李嘉诚的这一义举，也为他带来了崇高的商业形象。而这种商业形象又给他带来了无穷无尽的生意和财富。

不论李嘉诚深层次的思想意识如何，以商论商，李嘉诚的这一举动，确实是商业活动中的上乘之作。

我们可以想一下，当同行需要你施援相助，而你也具备足够能力时，你又会做何行动呢？

这时候，绝大多数人的做法是：落井下石，踩死对方。以为这样就可以少一个竞争对手。自己就会上位了，但切不可忘记，即使你真的扼杀了对方，其他的竞争对手仍会相继而来，绵绵不绝。

再者一说，你对竞争对手毫不留情，他们必然会对你心存戒备，如果有机会也会损你一把。这样，你的事业中便时时潜伏着危机。更何况风水轮流转，没有人能够一辈子顺风顺水。

对手也可成为朋友，这种朋友会为你创造更多的机遇，至少不会对你做落井下石的举动，人生也是如此。

单枪匹马非英雄

很多时候，我们愿意相信自己的能力，但一个人的能力能够有多大？如果你的朋友很多，那么路可以更加宽广。当今社会上，行业逐渐走向精细化，每个人会的东西很少，但是很精。这个时候，我们需要朋友来帮助自己。

单枪匹马只是好汉，但非是英雄，这种英雄只出现在电视和小说情节中，看看真正的历史，这样的英雄人物没有几个，生命是非常宝贵的，拿来赌，是非常愚蠢的。人生成败也一样，如果只是一味地单枪匹马，也是拿自己的未来来赌，失败了是可以重来，但是时间失去了，如果老是这样，那么生命中的时间是耗费不起的。

现在各种行业都在讲究"一条龙"服务，如果你周围没有朋友的话，即使你是龙头，相信舞动起来也没有腾云驾雾的气势。当你向成功终点冲刺时，切忌陷入单枪匹马、孤军作战的困境。

一个人的力量有多大？没有人可以说出准确的数值，也可以说是有大有小。但是现实中时常会遇到这样的情况：做好一件事情，自己做起来往往是困难重重，如果找人帮助，即使只借助一个人的力量，也会更加容易办成，这种关系就是最为普遍的合作。

约翰是一家农场的主人，因为中风而瘫痪在床，原本靠农场来维持生活。

当时，约翰的亲朋好友以为他活不了多长时间，没想到，约翰不仅存活了下来，身体虽然不能动，但他的脑子却没有停止思想，没有其他体力活动让约翰操心，这就让约翰的脑子格外灵光。终于，一个想法在他的脑海闪现了出来。

他把亲戚朋友们都叫了过来，并让他们在农场里种植谷物，等到这些谷物成熟之后，用作猪的饲料，等到猪长大了，用来制作香肠。这就成为一个自产自销的生产线，一切原材料都由自己提供。

数年间，约翰的香肠在全国各商店出售，而且卖得非常好。最后，约翰和亲戚们都成了富翁。

出现这样的美好结局，就在于约翰的不幸迫使他急中生智，集合了群体的力量，借助亲戚们从而取得了成功，一个人的力量等于零，一群人的力量等于一。

现实中，许多失败者都是单枪匹马闯天下的"个人英雄"，因为他们不相信别人，总是固执地我行我素，最后的结果只能是一败涂地，一个人就算再强大，也只有一双手，不能解决所有问题，只有朋友多了，一起群策群力才能发挥出最大的价值，一个人的力量是渺小的，只有人心齐，才能泰山移。

通用汽车在美国的市场曾经被日本的丰田汽车侵占了不少，因此丰田汽车是它最大的对手。进入20世纪90年代后，通用汽车和丰田汽车化敌为友，联手合作。两家汽车公司强强联合，让通用汽车实力大增，大阔步地向前发展。

日本丰田汽车公司成立于1938年，在公司成立之前，丰田喜一郎研究了一台从美国买来的汽车发动机，经过几年的研究他于1935年制造出了第一辆丰田卡车。丰田汽车创办之初，大量使用了福特车和雪佛兰的部件。

1957年，丰田小轿车正式对美出口，但整个年度只卖掉288辆。接着陆续向美国推出的"皇冠"、"光冠"，销量依然不佳。美国的三大汽车公司福特、通用、克莱斯勒都没有把日本丰田放在眼里。然而，丰田喜郎并不气馁，丰田公司"十年磨一剑"，他们于1966年推出世界级名车"花冠"，再度进军美国市场。花冠汽车很受美国人欢迎，很快就占领了美国市场，成为了汽车行业的佼佼者。

进入20世纪70年代，两次石油危机的爆发，使经过充分改进的丰田小型轿车，有节省能源的巨大优势，开始向美国汽车业进军，迅速获得了大量订单。

日本汽车在美国大获全胜，使得世界汽车行业的座次重新排定：第一是通用汽车公司，第二是福特汽车公司，第三是日本丰田汽车公司，第四是日本日产汽车公司。美国汽车业虽然还占据前两位，但他们不得不考虑日本汽车对企业的威胁。

进入20世纪80年代初，美国汽车公司在日本汽车公司的冲击下全面亏损。其中，就在1980年，克莱斯勒赤字达17亿美元，福特赤字达15.4亿美元，最少的通用公司也亏了7亿多美元。而就在此时，日本汽车还在源源不断地涌向美国。1981年，日本汽车在美国的销量超过了美国汽车总销量的20%，美国人不得不采取措施，限制日本汽车进口量。

1990 年，美国对日本的贸易逆差高达 4100 亿美元，其中汽车贸易逆差竟达到 75%。1992 年，美国总统乔治·布什访日，底特律三大汽车巨头紧随其后。日本首相说："通用汽车对于美国而言，它的重要性就像是他们的国旗，我可以理解日本人把他们击垮时的感受。"此后美国调整战略，向日本汽车发动全球性反攻。

20 世纪 90 年代后期，世界汽车业加快了国际化步伐，横向联合进一步展开。通用汽车公司审时度势，与日本两家较小的汽车制造公司建立了合作关系。不久，日本丰田公司又与保险公司成为合作伙伴。丰田汽车公司在美国底特律召开新闻发布会表示，丰田公司将和通用公司共同研究开发高科技环保汽车。

两强联合，你中有我，我中有你，使往日弥漫的硝烟被驱散，双方在世界汽车市场的竞争实力大增。特别是对于通用公司来说，工人失业等竞争带来的问题得到了缓解。

通用汽车与丰田汽车的合作，引起汽车公司其他挑战者的进一步联合。例如福特公司拥有日本第三大汽车制造商东洋工业（松田）公司 24.4% 的股份。与此同时，20 家日本公司联合组成一个新公司——奥托拉马，这么多家汽车公司联合的目的就是为了在日本国内推销小型汽车和其他福特牌汽车。

福特汽车公司在欧洲也有不少企业，比如设在英国、德国、比利时和西班牙的装配工厂。克莱斯勒也不甘落后，拥有日本三菱汽车公司 15% 的股份，并与法国的波吉奥汽车公司和德国的大众汽车公司建立起合作关系。

后来克莱斯勒公司将其 49.9% 的股份卖给了法国的雷诺公司，两家公司合作不久推出了"联盟"小型汽车。德国大众在世界许多地方，都有合作伙伴。

通过"强强联手"的模式，丰田汽车与通用汽车在世界汽车市场具有了更加强大的竞争力。不可否认，得到丰田协作的通用汽车公司，其发展速度也是更加惊人。由此可见个人或者个体的力量是弱小的，集体的力量是不可战胜的，人与人之间也是相同的模式，只有对周围的人真诚相待，互惠互利，才是人生发展的根本原则，才能到达成功的顶峰。

一个人可以独自凭借自己的力量去闯世界，但不可能靠个人的力量达到成功的顶峰，尤其是那些白手起家想有成就的人，更加需要借助众多人的支持才能达到日后的业绩。所以，对于每个人的人生来说，要有单枪匹马的胆量，但一定不要有单枪匹马的行为。

成功有时候是一个人的事情，如果是事业上的，一定是团队的事情，一个人的精力非常有限，比如说，个人吃饭，一个人做一个人吃，每天你都在做，而且就是那几种菜，又累又感到腻味；团队就好点，轮换着做，各有各的烧菜特长，相比之下就很好。

困难之时，人和之心

关于能力，有人这样说过："一个人力量有多大，不在表现他能举起多重的石头，而在于他能获得多少人的帮助。"逞匹夫之勇的时代已经过去，没有朋友的成功，来得是多么的曲折。

如果自己有朋友，在失败的时候，会有人伸手拉你一把，关键是你有这些强力保障，这会让你更加有胆量。

人生通常来说，我们制定一个目标，并不等于很快就会实现目标。可是，很多人忽视了奋斗过程中要遇到的困难，没有做好心理准备，以至于在挫折来临时会感到不知所措。而有些人却能够踏石而过，原因在于，他们在奋斗过程中，善于借助机遇，善于借人，然后奔向目标。"汽车大王"谢建良的发迹史，就是一个很好的例子。

在印度尼西亚，被称作"汽车大王"的谢建良，从事的行业涉及金融、汽车、机械、石油、矿业、造船等。特别是在汽车行业，他和日本、美国、荷兰、比利时、联邦德国订有25年以上的联营合同。我们看到的只是他在汽车行业叱咤风云的光彩一面，然而，这位"汽车大王"的发迹史中也有过悲惨的一页。

1949年，谢建良在雅加达开办了一处皮革厂，但因经营不善很快倒闭了，这对他是一个沉重的打击。直到1952年，谢建良才又在亲友的资助下，组织了一个贸易公司，经营印度尼西亚各岛国之间的贸易，但也仅仅维持了3年就解散了。一次次的失败和打击让谢建良心灰意冷，引起了肺病复发，这一下子就让他卧床3个月之久。贫困、寂寞、无助，几乎使他一蹶不振。

第九章
借人和，抓住"贵人"和机遇

然而，他终究没有丧失信心，就在身体日益康复之际，他回忆起过去创业的艰辛，寻找着失败原因。他发现，自己办事过于浮躁，好高骛远，做事缺乏耐性，不善于利用机会，尤其是不能知人善任，使得手下工作人员的自尊心受到挫伤，最后，造成众叛亲离的惨痛局面。痛定思痛之后，谢建良开始改变自己的坏毛病，重新找回成功的自己，为此谢建良花费近3个月的时间，制定了此后创业奋斗的大计。

其中，就明确地注明如何借助别人走出阴影，走向成功。然后，他又用1年半的时间挑选了一批能帮助他走向成功的人员，继而成立了阿土德拉国际有限公司。这一次他终于获得了成功。这个当年穷苦的自行车修理工，就这样成为东南亚名副其实的"汽车大王"。

一个人再能干，他也会存在不足。谢建良正是认识到了自己做事浮躁、缺乏耐性等不足，痛定思痛后改变自己，并借助他人的力量帮助自己，才最终获得了成功。正所谓：风筝上天，无不是"好风凭借力"。

人的成功也确实离不开别人的帮助。一个人的成长，难免要遭遇坎坷，甚至是不幸，这时候，借助别人的手，你或许就能重新站起来。

恐怕常人很难接受这样一个事实：当你年纪轻轻突然双目失明，你的周围顿时黑暗一片。这无疑是人生的重大打击。可是，有人却依靠亲人朋友的帮助生活了下去，而且走上了成功创业之路。这个人名叫张成。

1990年11月15日，在桥西区一中上初二的张成，在听老师讲课的时候，黑板忽然变得模糊不清，眼前一阵发黑，面前的老师、同学也开始摇晃起来……医生最终的诊断结果是：视网膜脱落，永久性失明。

眼睛虽然失明了，但张成在亲人们的鼓励下，重新鼓起了生活的勇气。他虽然不能看见这个世界，但他要用心灵去感知这个世界，他相信世界上没有人与人的距离，只有心与心的交流。1991年，张成经过一番努力，考入河北省盲人按摩学校。

相比于正常人，张成的求学路存在着更多的困难，首先面临的问题就是要学会盲文。在老师和同学们的帮助下，他不但学会了从小学到初中的盲文课，还在考试中名列全班第一。

对于张成来说，这仅仅是个开始，更艰难的事还在后头。练俯卧撑、单双杠、吊环，每天按要求需做 300 个，这个要求难度有多大，人们可想而知。然而，在亲朋好友的帮助下，他坚持了下来，并且学会了针灸、解剖等，最终以优异的成绩毕业。

1994 年 9 月，在亲朋好友的资助下，张成的中医按摩诊所开业了。

能用自己的双手为别人缓解病痛，这让张成重新体会到了自己的价值，他对自己的未来有了更美好的憧憬。他对每个前来接受按摩的患者满腔热情，希望通过自己的劳动对他们有所帮助。

如今，张成名声在外，各地患者接踵而来。小有成就的张成没有忘记别人的帮助和社会的培养。当他得知全市 19 个县 (市) 区 10 ～ 25 岁的盲人有 8000 多人，省残联系统有孤儿学校、聋哑学校，还没有盲人按摩学校时，立刻产生了办盲校的想法。

既然做，就要做好，张成对自己创办好盲人按摩学校充满了信心。他说有党和政府的关怀及社会各界的大力支持，第一步，先在邢台市建立首家盲人按摩医院，安排盲人就业；第二步，用一年的时间培养 2000 ～ 3000 名盲人按摩医师，在全市 19 个县 (市) 区的乡镇各建一所按摩诊所，为改善全市农村医疗条件作贡献。

对于任何一个处于花季的少年来说，永久性的失明意味着这一生都无法再看见这个世界，这样的打击的确难以令人承受。但事已至此，一味地消沉终究无法解决问题，张成毅然决然地选择了坚强，微笑着面对一切。当然，在这个过程中，除了他自己的坚持与乐观外，更重要的是亲朋好友的帮助，这种慰藉对于他来说，是一股最温暖的力量。所以说，当我们在人生的道路上遇到了困境和不幸之时，如果不能依靠自己的力量走出困境，那么，不妨借助别人撑起一片蓝天。

记住，一个人想成功，在把全部精力都投入进去的同时，还要借助他人的力量，踏着阻石前进，才可在人生旅途中创造奇迹，或者结伴同行，人生路上才会多几分踏实。

结交有才的人等于培养机遇

多结交一些有才的人，对于人生来说，无疑是一种储备机遇的手段，李嘉诚说过："人生最大的机遇，就是遇到那些很有才的人。"成大事的基本法则是：善于发现别人的长处，协调别人为自己做事，与合作人之间建立良好的信誉。

但是，如果你想要借助别人的力量，就一定要善于摸底，巧于布阵，以便去找具备一定特长的人并请他参与相关团体。

看看三国时期的刘备，文才和谋略均不如诸葛亮，且武功不如关羽、张飞、赵云。可是他有一种优点，就是能够吸引这些优秀的人才为己所用。由此可见，想要借助别人的力量，首先要结交有才华的人，这样才能把别人的才能变成自己的机遇。我们来看一则与之相关的故事：

摩西算是最早的教导者之一。他曾告诫别人：一个人只要得到其他人的帮助，就能做成许多事情。当摩西带领以色列子孙们来到上帝许诺给他们的领地时，他的岳父杰塞罗发现摩西的工作实在太重了，倘若他总是这样继续下去的话，不久便会吃苦头了。所以，杰塞罗就想法帮助摩西解决问题。他要求摩西将这群人分成几组，刚开始每组1000人，然后将每组再分成10个小组，每组100人，随后将这100人再分成两组，每组各50人。最后，将50人分成五组，每组各10人。接着要他在每一组选出一位首领，并且这位首领必须负责解决本组成员所遇到的一切问题。摩西依照杰塞罗所说去行事，最后果然收到了良好的效果。杰塞罗对于摩西，无疑是个有用的人。

如果摩西没有得到杰塞罗的指点，没有听从他的意见，那么或许他还没有带领以色列子孙们走到自己的领地时，就已经筋疲力尽，甚至憔悴而死了。幸运的是，他得到了杰塞罗的帮助，并想办法让更多的别人来帮助自己，解决了途中所有的难题，最终到达了目的地。杰塞罗对于摩西，无疑就是生命中的"贵人"。

结交有才华的人，需要用心去倾听每个人对你的构想计划的看法，这是一种虚怀若谷的表现，因为当你用心去听别人说话听别人发表意见的时候，他们会有一种被重视和奉承的感觉，所以会甘心帮助你。并且他们相信，他们的意见你不见得各个都赞同，但有些看法和心得，你一定是不曾想过、考虑过的。

这些有才华的人，不仅会给你带来更多的知识，他们的目光也是非常敏锐的，能够清楚地看到周围的机遇，与他们相交，你有时候就会用上这样的机遇。

当然有才华的人，也喜欢和有才华的人在一起，因为这样才有共同语言。所以，结交这些人，自己首先要丰富自己的知识，开阔视野，勤于思考，最好对事情有独到的见解，这样，真正有才华的人，才会和你成为朋友。

多结交一些真正有才华的人，相信机遇很快就会到来，成功也就不会让你等得太久。

激发潜能，让团队力量更大

一个好木匠，不但能够将每个家具部件拼装得严丝合缝，更为重要的是，他会将每块木料最完美的木纹排列出来，这样一来，整个家具即使不上油漆，整体看起来也是美丽大方的。

尺有所短，寸有所长。没有完美的个人，只有完美的团队，对于团队中的成员，无论是选拔人才还是使用人才，都应因势利导，知人善任，做到人尽其才，发挥人才的最大功效。

现在是一个团队协作的年代。众人的力量团结在一起就可以创造更多的奇迹。"靠创业队伍打天下"，同样是当今各大企业的发展战略。这个战略同样也要被我们个人使用，才能创造更多的成功。

名扬中外的可口可乐公司，在人才的选择和分配上有着与众不同的特色。它总是选择那些有管理能力的人，接着再扶植他们自立门户，并且也不分国籍，最终才使企业越做越大。

在我国因用人得当而走向成功的例子也不少。例如石家庄造纸厂的人员分配制度就很合理。

1984 年年初，上级下达给石家庄造纸厂利润计划 17 万元，该厂领导认为有困难，直到 3 月份，还没有承接计划。

当时担任销售科长的马胜利自告奋勇提出承包，保证当年实现利润 70 万元，1985 年 100 万元，1986 年 120 万元。在市领导的支持下，马胜利立下承包军令状。

从 5 月 1 日开始，当月实现利润 21 万元，当年实现利润 140 万元，1985 年又翻了一番，实现利润 280 万元。

能创下如此可喜的业绩，主要原因就是依靠团队的力量。当时的马胜利组织有 14 人，其中工程师 4 人，经营管理行家 8 人，平均年龄 45 岁。

第九章
借人和，抓住"贵人"和机遇

卫生纸车间有位助理工程师，是20世纪60年代初的中专生，因为出身不好和爱提意见，未被重用。马胜利把他请进承包班子，提升他为车间主任。这位同志受到重用，精神状态由心灰意冷变成意气风发，他积极发挥工程师知识优势，采取科学办法，解决了多年未能解决的出口卫生纸超重问题，使每卷卫生纸重量下降10克左右，从而达到了标准。仅此一项，一年就为工厂节约了27万余元。

有位女工程师，独立思考能力不错，被提升为技术科长。她勇于创新和实践，并大胆地进行了实验，选用价格便宜、资源充足的废棉代替短绒做原料，把纸的每吨成本降低了600元，一年可节约开支66万元。

美国钢铁大王安德鲁·卡耐基曾经说过："你可以夺走我的工厂设备，抢去我的市场、客户，拿走我的资金、财产，但只要留下我的组织和人员，4年之后，我还是一个钢铁大王。"

在一个组织中任用没有缺点的人，其结果最多只是一个平平庸庸的组织。想要找"各方面都好"的人，只有优点没有缺点的人，结果只能找到平庸的人。能力强的人往往有较大的缺点，有高峰必有深谷。谁也不能在十项全能中都强，与人类现有的博大知识、经验和能力相比，即使最伟大的天才都不及格，其实世界上本没有"完人"这个概念。

从前，有位将军叫唐时斋，在他的军营里面有一个聋子，唐时斋安排他在左右当侍者，这样做是为了避免泄露重要军事机密。他的部下还有一个是哑巴，于是唐时斋经常派他传递密信，一旦被敌人抓住，除了搜去密信，也问不出更多的东西。更奇怪的是他把瘸子派去守护炮台，可使他坚守阵地，很难弃阵而逃；瞎子，听觉特别好，可命他战前伏在阵前听敌军的动静，担负侦察任务。

虽然唐时斋的这种观点可能有夸张之嫌，但却能说明这样一个道理：任何人的短处之中肯定蕴藏着可用之长处。他这样的用人策略在很长的一段时间里相安无事，还为他立下了不少功劳。

人们的短处和长处之间并没有绝对的界限，许多短处之中可以蕴藏着长处。有些人虽脾气倔犟，固执己见，但他同时必然颇有主见，不会随波逐流，轻易附和别人的意见；有人办事缓慢，手里不出活，但他同时往往有条理，踏实细致；有人性格不合群，经常我行我素，但他可能有诸多创造，甚至是硕果累累。成功者的高明之处就在于短中见长，善用短处。

对于一个人来说，如果只是看到别人不能干什么，而不是看到别人能干什么，以回避缺点来选用人的话，那么，从某种程度上来说，这个人就是一个弱者。他可能看到了别人的长处，内心却把它当成一种威胁。虽然下属很努力可能会让老板感到有一种危机感，但事实上从来没有哪位老板因为他的部下很有能力、很有效而遭殃。

安德鲁·卡耐基墓碑上的碑文说得最为透彻："一位知道选用比他本人能力更强的人来为他工作的人安息在此。"当然，这些人之所以比卡内基更强，是因为卡耐基发现他们的长处，并应用了他们的长处。实际上，这些钢铁工作管理者只是某一特别领域里，或在某一特别工作上比卡耐基更强，而卡耐基是他们的最高管理者。

靠队伍打天下，其实就是借助各种人才的力量。只要能将团队中所有成员的潜能发挥出来，那也就意味着成功离你近在咫尺了。所以，激发团队每一个人的潜能，首先要做的是，看到每个团队成员的长处，这样一来，才能让团队发挥出更大的作用。